APARTMENT&HOME REMODELING

INTERIOR STYLE

주식
회사 주택문화사

• 취재와 진행 과정에 많은 도움을 주신 진성기(쏘울그래프) 사진작가에게 지면을 빌려 감사를 드립니다.

• 앞표지 사진은 408쪽 김포시 운양동 주택 사례입니다. [**시공·설계** 클로이스홈 / **사진** 레이리터]

• 뒤표지 사진은 210쪽 경기도 파주시 아파트 사례입니다. [**시공·설계** interior오월 / **사진** 진성기(쏘울그래프)]

아파트 & 홈 리모델링

INTERIOR STYLE

최미현·전원속의 내집

CONTENTS

01

이국적인 정취를 일상에 담아내다

STAY, STAY AT HOME

Interior Source

대지위치 경기도 성남시

거주인원 4명(부부+자녀2)

건축면적 181m²(54평)

내부마감재 벽-LG하우시스 벽지 /
바닥-S&C 세라믹 수입 포세린타일, 구정
강마루

욕실 및 주방 타일 S&C 세라믹
수입타일

수전 등 욕실기기 주방수전-코드로
/ 주방 싱크볼-도요우라 / 욕실수전-
크레샬 / 욕실 세면볼-스카라베오

주방 가구 제작 페트 무광+블럼
하드웨어

조명 매입등 Astro / 주방-자기실
포인트등 Astro, 미니멀티매입 /
거실-마그넷키트 레일램프

스위치 및 콘센트 융코리아

중문 제작 금속프레임+강화유리
양방향 댐핑 슬라이딩 도어

파티션 세컨 주방 제작(숨은 도어)

방문 제작 도장 도어

패치카 플라네카

스피커 뱅앤올룹슨 Beosound 9000,
1996 vintage

붙박이장 아이방, 거실, 화장실-자체
제작가구

시공 및 설계 스테이 아키텍츠 02-
400-1038 www.staygroup.co.kr

사진 이동일(ez_photography)

주거 공간과 낯선 공간과의 경계, 대중적이면서도 익숙하지 않은 스타일을 구현하기 위해 오랜 고민 끝에 완성된 공간이다. 부부가 원했던 이미지는 호텔 라운지를 연상케 했다. 평소 아이들과 여행을 자주 다니던 가족이기에 집에서도 호텔에 머무는 듯한 분위기를 느끼고 싶었던 것. 또한 개방감이 확보된 공간이길 바랐다.

기존의 집 상태는 원목마루나 무늬목 등 좋은 자재로 되어 있었지만, 유지하기엔 너무 구식이었고 무엇보다 가벽과 발코니가 많아 좁아 보였다. 그리하여 가벽을 철거, 전형적인 아파트 구조를 철저히 배제하고 마감재와 가구, 가전 전반을 컨설팅하며 다양한 평면과 마감재를 시도했다. 공간적으로는 라운지 분위기의 주출입구와 거실-다이닝룸-주방이 하나로 통합된 LDK구조의 오픈 플랜이 진행됐다. 화이트를 베이스로 사용하되, 짙은 우드와 대리석을 이용해 클래식한 느낌을 더해주었다. 또한 조명, 하드웨어, 글래스 등 곳곳에 블랙 컬러를 가미해 밝은 공간에 무게감과 이국적인 느낌을 주는 요소로 사용했다.

일반 가정집과 사뭇 다른 분위기는 현관에서부터 드러난다. 전반적으로 화이트 마감재를 사용해 넓어 보이면서 무게감이 느껴지는 요소들을 매치, 호텔 라운지 같은 분위기와 조도로 계획했다. 기존에 현관과 복도 사이에 있던 중문을 철거하고 현관 영역을 복도까지 확장했기에 얻어낸 결과다. 현관의 차분하면서도 클래식한 분위기는 실내에서도 이어진다. 가벽을 철거해 일체형으로 계획한 주방, 거실, 다이닝룸은 모던하면서도 미니멀하지 않도록 다양한 재료의 느낌을 풍부하게 담아냈다. 여기에 높은 천장과 좌우로 탁 트인 뷰가 더해져 한층 개방감이 느껴진다. 가벽과 발코니로 공간들이 분리되어 있던 이전에는 결코 누릴 수 없던 것들이다. 특히 거실과 다이닝룸의 레이아웃을 오랫동안 고민했는데 소파를 파티션으로 활용하면서 만족스러운 결과를 얻어냈다. 거실 비율에 맞춰 소파의 크기를 조절하고 뒷면에 제작가구를 덧붙여 소파 뒷면이 노출되는 것을 자연스레 보완할 수 있었다. 거실 전면에는 굴뚝과 화로 모양을 담아낸 벽난로를 포인트로 대리석과 짙은 컬러의 우드, 블랙경을 함께 매치해 따스한 주택의 느낌과 모던하면서도 클래식한 분위기를 함께 담아냈다.

Living Room & Dining Room & Kitchen

좌우로 시원하게 뚫린 뷰와 일체형으로 놓인 거실과 다이닝룸이 공간에 개방감을 더한다. 주방 벽 안쪽으로는 세컨드 주방으로 사용되는 팬트리 공간이 숨겨져 있다. 디자인뿐 아니라 설비 또한 꼼꼼하게 챙겼다. 음악을 즐겨 듣는 부부의 취미를 고려해 벽면에 CD플레이어를 설치하고 블루투스 연결이 가능한 천장형 스피커와 연동, CD를 비롯해 모바일 음악 플레이까지 가능하도록 음향 설비를 계획했다.

Master Bedroom

안방 입구에는 별도의 문을 달아 공간을 분
리시켰다. 문을 열고 들어서면 좌측으로는
침실이, 우측으로는 드레스룸과 부부 욕실
이 이어진다. 침실의 벽면과 붙박이장에도
짙은 컬러의 우드를 사용해 클래식하게 연
출했다.

BEFORE

AFTER

Bathroom

넓은 면적에 비해 평범하게 구획되어 있던 안방 욕실 설비를 전면적으로 변경, 두 개의 세면대가 나란히 놓인 호텔식 레이아웃으로 탈바꿈했다. 매번 아이들과 씨름하며 같은 욕실을 사용하던 부부에게 가장 만족감을 선사한 공간이다.

Space Point

CD플레이어로 포인트 주기

기둥을 포인트 월로 활용했다. 우드와 대리석으로 깊이가 다른 얇은 바를 디자인하고 벽면에 빈티지 뱅앤올룹슨의 베오사운드 9000을 배치해 보다 감각적인 분위기를 연출했다.

히든스페이스, 주방 뒤 팬트리

우드로 마감한 주방 벽면 뒤로 서브 싱크와 간단한 조리가 가능한 팬트리 공간이 마련되어 있다. 거실에서는 보이지 않지만 외부 창호와 접해 있어 냄새와 채광 모두 해결된다.

굴뚝이 필요 없는 벽난로

바이오에탄올을 원료로 하는 벽난로로 그을음이나 연기가 나지 않지만, 난방 효과는 물론 인테리어 효과도 기대할 수 있는 제품. 낭만과 운치를 느끼게 하는 아이템이다.

02

30년 묵은 공간, 다시 태어나다

MY DREAM HOUSE

집은 바라보는 시각에 따라 무한한 가능성을 갖게 된다. 낡고 고칠 것 투성이인 공간을 보고 돌아서는 이들이 있는가 하면, 겉을 드러내고 그 위에 새로운 그림을 그리는 이들이 있다.

부부에게 이 집의 첫인상은 어땠을까. 30년 전 입주 당시의 모습을 고스란히 간직하고 있던 곳. 오랜 연식이 말해주듯 낡은 배관과 낮은 천장 그리고 비효율적인 구조로 지역 내에서도 저평가된 아파트였다. 복잡한 심정이었지만, 부부는 이 집의 가능성을 믿었고, 오히려 그 덕에 좋은 금액에 집을 구할 수 있었다.

가장 먼저 생각한 것은 각 공간의 독립성과 효율성이었다. 부부와 자녀 그리고 집안일을 도와줄 도우미가 함께 지내야 했기에 프라이버시 확보는 필수였다. 또 허투루 버려지는 곳 없이 가족의 발길이 머물며 소통할 수 있는 요소들이 요구됐다. 독립적인 공간 구성은 애초부터 다이닝룸을 중심으로 거실과 안방 그리고 주방과 나머지 방들이 좌우로 분리된 구조여서 순조롭게 진행됐다. 여기에 안방에만 별도의 문을 달아 더욱 프라이빗한 공간으로 완성했다. 살릴 수 있는 구조물이 거의 없던 터라 내력벽을 제외한 모든 벽을 철거, 효율적인 수납과 기능적인 공간 쓰임을 위해 모두 새롭게 재구성했다. 유난히 낮았던 천장을 높이기 위해 기존의 낡은 배관과 스프링각관까지 교체하는 등 쉽지 않은 작업이 이어졌지만, 덕분에 개방감이 느껴지는 여유로운 공간이 탄생했다.

이 집에서 가장 고심했던 공간은 현관에 들어서자마자 훤히 보이던 다이닝룸이다. 가족이 모이는 공간 중에 으뜸은 결국 다이닝룸이 될 것이기에 전망이 좋은 곳에 배치하고, 동선을 명확하게 구분해 아늑하게 꾸미는 게 관건이었다. 우선 주방 발코니를 확장해 넉넉해진 공간에는 넓은 테이블을 두고 홈바를 배치했다. 홈바는 현관에서 노출되었던 다이닝룸을 분리시키는 동시에, 공간을 정리해주는 요소로 작용한다. 구조의 단점을 장점으로 승화시키는 노력은 다이닝룸 외에도 곳곳에서 드러난다. 불필요하게 넓었던 복도의 너비를 축소해 세탁실과 주방의 빌트인 냉장고 공간을 확보하고 욕실과 방의 크기도 조금씩 넓혔다. 방 두 개가 연결되어 있어 공간의 경계가 모호했던 안방은 부부의 라이프스타일에 따라 드레스룸과 서재로 꾸며진 워크룸과 침실로 명확히 분리해 쓰임새를 높였다.

Interior Source

대지위치 경기도 성남시
거주인원 3명(부부+자녀1)
건축면적 219㎡(66.25평)
내부마감재 벽-벤자민무어
스커프엑스(공용공간), LG하우시스
친환경벽지 / 바닥-유로세라믹(거실),
마이다스 원목마루(방)
욕실 및 주방 타일 윤현상재 수입 타일
수전 등 욕실기기 아메리칸스탠다드
주방 가구 로쏘꼬모 2800
사이즈(다이닝 테이블)
조명 디에디트(거실)
중문 자체 제작
방문 MDF+우레탄 도장
붙박이장 자체 제작
시공·설계 림디자인 02-543-3005
www.rimdesignco.co.kr
사진 진성기(쏘울그래프)

Living Room

단점을 장점으로 승화시켜, 발길 닿는 곳마다 소통의 공간으로 만든 따스함을 품은 집이다. 집의 전체적인 분위기는 베이지 톤 컬러를 중심으로 공간마다 맞춤 가구를 활용해 호텔 같은 고급스러운 이미지로 꾸며졌다. 어디서건 가족이 머물 수 있도록 곳곳에 장치를 마련했는데, 보통 소파가 놓이기 마련인 거실에는 소파 이외에 독서 테이블과 자투리 공간을 활용한 미니 서재를 배치했다.

BEFORE

발코니

방

거실

방

욕실

드레스룸

다이닝룸

현관

주방

드레스룸

방

방

방

발코니

AFTER

미니서재

안방

거실

드레스룸

욕실

다이닝룸

홈바

현관

드레스룸

주방

드레스룸

방

보조주방

방

방

Dining Room & Kitchen

다이닝룸에는 카멜 톤의 수납장을 제작했다. 현관과 다이닝룸을 시각적, 공간적으로 분리하기 위해 만든 것으로 현관 쪽에서는 팬트리로, 다이닝룸 쪽에서는 홈바로 활용된다. 주방에는 상부장을 과감히 없애고 용이한 벽면 관리를 위해 아일랜드와 같은 재질인 대형 세라믹 타일을 벽에도 시공했다. 심플한 디자인의 빌트인 냉장고는 김치냉장고, 냉동고, 냉장고, 간식 냉장고 등, 총 네 대의 냉장고로 분리되어 있다.

Master Bedroom

안방은 간살도어를 설치해 다른 공간과 명확히 분리되어 있다. 내부에 들어서면 드레스룸과 서재로 꾸며진 워크룸이 이어지며, 슬라이딩 도어 문을 열고 들어서면 시크하면서도 클래식한 분위기의 부부 침실이 드러난다.

Space Point

복도를 활용한 청소 붙박이장

복도의 자투리 공간을 활용해 청소용품들만
수납이 가능한 붙박이장을 제작했다.

컴퓨터 본체 수납공간

책상 아래로 바람구멍을 뚫은 수납공간을
만들어 컴퓨터 본체를 감쪽같이 숨겼다.

03

다채로운 스타일의 조화로운 공존

LIVE WHERE YOU LOVE

Interior Source

대지위치 인천시 연수구

거주인원 2명(부부+강아지)

건축면적 222.17m²(67.2평)

내부마감재 벤자민무어 스카프엑스,
포세린 타일, 구정 원목마루 노블레스
해링본오크, 지복득마루

욕실 및 주방타일 무티나(Mutina)타일,
성우인터내셔날

수전등 욕실기기 영국 직구

주방가구 제작(블럼하드웨어)

조명 전체 매립

스위치 및 콘센트 융, 바우하우스

시공 및 설계 꿈꾸는집 010-2734-4728,
📷 myloveapple2

사진 진성기(쏘울그래프)

첫 미팅 때 A4 용지 세 장에 원하는 것들을 빽빽하게 적어 건넸다는 부부. 두 사람의 취향은 확실했다. 화려한 패턴의 벽지와 과감한 컬러의 타일 등 유니크하고 흔치 않은 스타일. 평범한 것은 지양 대상이었다. 그동안 해보고 싶었던 모든 콘셉트의 디자인을 모두 담아내길 바랐다. 좁은 집이었다면 다소 고민했겠지만, 다행히 공사 현장은 확장된 60평대로 70평 느낌의 큰 집이었기에 공간마다 다양한 스타일로 풀어보기로 했다. 거실과 드레스룸, 서재는 모던 스타일로, 주방과 침실, 게스트룸은 클래식 스타일로 잡으며 다양한 요소들을 공간에 담아냈다. 어느 한 공간도 평범하지 않은 것이 포인트. 하지만 과감하되 적절한 선을 지키는 것이 중요했기에 컬러를 더하면 디자인을 단순하게, 디자인이 더해지면 컬러감을 줄이는 식으로 조화를 맞춰나갔다.

부부가 가장 좋아했던 공간은 주방. 꿈꾸는집의 한상선 실장이 가장 공들인 곳으로 디자인이 유독 돋보이는 공간이다. 전체적으로는 모노톤의 단조로운 색감을 입혔지만, 감각적인 몰딩 도어와 영국에서 공수한 손잡이가 달린 싱크대, 여기에 라꼬르뉴 가스렌지와 직접 제작한 후드를 장착해 유럽의 주방을 통째로 옮긴 듯 이국적인 주방을 완성했다. 강렬한 인상을 주는 클래식한 주방의 분위기는 다이닝룸을 지나 모던한 스타일의 거실에서도 자연스레 이어진다. 두 공간의 스타일은 확연히 달라졌지만, 메인 컬러를 통일하는 방식으로 이질감을 줄여나갔다.

가족 구성원이 많지 않은 터라, 여섯 개의 방과 세 개의 욕실을 어떻게 활용할지에 대한 고민도 이어졌다. 우선 부부만을 위한 프라이빗한 공간 확보를 위해 가장 안쪽으로 침실과 서재, 드레스룸을 배치했다. 그리고 현관 쪽으로는 손님을 위한 게스트룸과 취미실을 둬 개인 및 공용 공간을 적절히 분리했다. 게스트룸의 경우 조금 색다르게 꾸며졌는데, 보태니컬 디자인 벽지로 화려하고 강렬하게 연출해 이색적인 분위기를 느껴볼 수 있다. 반려견을 위한 설계도 이루어졌다. 세 개의 욕실 중 하나에 애견 전용 샤워장을 설치하고 침대에 쉽게 오르내릴 수 있도록 낮은 평상형 침대를 제작, 발코니에는 애견 전용 평상까지 만들어두었다. 여러모로 가족 모두의 편의를 반영한 맞춤 설계다.

Living Room

애초부터 소파의 컬러와 디자인이 정해져 있던 터라, 거실은 소파에 걸맞은 미니멀한 공간으로 연출됐다. 커다란 블랙 소파와 어우러지는 그림과 오디오 정도로만 심플하게 꾸며진 거실은 마치 갤러리에 온 듯한 느낌을 갖게 한다. 거실의 분위기는 맞닿아 있는 주방에도 영향을 미치는데, 거실의 모노톤 컬러가 주방에도 이어지되 각기 다른 스타일을 접목해 비슷하면서도 새로운 분위기를 자아낸다.

Kitchen

이국적으로 연출된 주방은 아내가 가장 만족해하는 공간이다. 클래식한 스타일에 차분한 블랙컬러를 적용해 결코 평범하지 않은 감각적인 주방이 완성됐다. 외부로 드러나지 않아 보통은 평범하게 마감하는 보조주방 역시 이곳에서는 포인트 공간으로 자리한다. 바닥에 개성 있는 색감의 무티나 타일을 시공하고 공간에 어울리도록 가구를 제작해 이 집만의 독특한 개성을 드러내는 장소가 되었다.

Bathroom

블랙과 화이트 컬러로 연출된 거실
분위기가 욕실에도 이어졌다. 거실
욕실에는 세면대 외에 애완견을 위
한 샤워부스를 별도로 마련해두었는
데, 바닥의 단을 높여 허리를 숙이지
않아도 씻길 수 있어 편리하다.

Bedroom

화사한 옐로우 컬러가 생동감을 주는 침실은 부부뿐 아니라 애완견까지 배려한 공간이다. 강아지가 편히 오르내릴 수 있도록 저상형 침대 프레임을 제작하고 발코니 쪽으로도 낮은 단을 만들어 가족들이 애견과 함께 일광욕을 하며 여가시간을 보낼 수 있도록 공간을 마련했다.

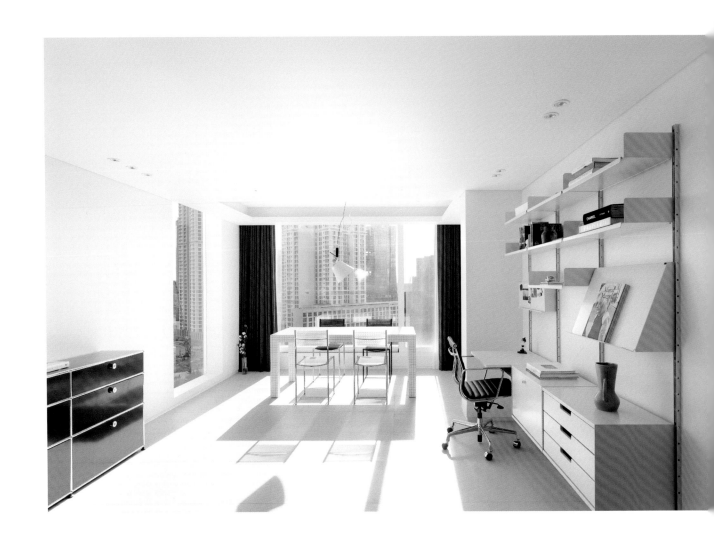

Study Room
& Dress Room

두 공간이지만 하나로 이어지도록 설계한 서재와 드레스룸은 미니멀한 디자인으로 모던하게 꾸며졌다. 화이트 컬러의 심플한 가구들로 이루어져 다양한 컬러의 소품들이 포인트가 될 수 있도록 했다. 햇살이 가득 들어오는 곳에는 서재를 두었고, 드레스룸은 안쪽으로 배치해 한층 프라이빗한 느낌이 든다.

Space Point

갤러리창으로 제작한 신발장

옷장에 주로 사용하는 갤러리창을 신발장에
적용해 화사하면서도 사랑스러운 분위기를
풍기는 입구가 완성됐다. 갤러리 창살 덕분
에 신발장 통풍도 문제없다.

공간 분리용 폴딩 도어

서재와 드레스룸 사이에 폴딩 도어를 설치
해 문을 활짝 열면 두 공간이 하나로 이어진
다. 프레임이 없는 유리문으로 제작해 문을
닫아 두어도 답답함이 없다.

04

적절한 공간 구획으로 만족감을 높인 집

A PERFECT HOME FOR ME

Interior Source

대지위치 인천시 연수구

거주인원 2명

건축면적 159.25m²(48평)

내부마감재 벽-벤자민무어 친환경도장
/ 바닥-수입타일, 지복득 수입마루

욕실 및 주방 타일 욕실-지정 수입타일
/ 주방-지정 100각 무광타일

수전 등 욕실기기 아메리칸스탠다드,
욕조-수입욕조, 더존테크

주방 가구 제작가구, 수입
하드웨어(블럼/헤티히)

조명 소파 포인트 조명-루이스폴센
VL45 RADIO / 메인 침실 포인트 조명-
그레이팬츠

스위치 및 콘센트 르그랑 아테오 유럽형

중문 제작 금속 슬라이딩도어

시공 및 설계 로멘토디자인스튜디오
설계 이지수, 프로젝트팀
김형신·황재형 031-378-2367

www.romentordesign.com

사진 진성기(쏘울그래프)

타워형 주상복합으로 시원한 시티뷰를 가진 집. 전망은 두말할 것 없이 좋았지만, 채광이 들지 않아 어두운 복도와 칙칙한 마감재, 공간을 더욱 좁게 만드는 가벽 등 뷰 이외의 모든 것들이 단점으로 다가왔다. 손 봐야 할 것들이야 많았지만, 파노라마처럼 펼쳐진 뷰 하나만 가지고도 충분히 가치가 있다고 판단, 구조를 전체적으로 손보기로 했다.

작업의 포인트는 시티뷰가 돋보이는 밝고 쾌적한 실내 분위기 연출과 공간의 효율성을 위한 구조 변경, 클라이언트의 취향을 반영한 가구 세팅과 매치를 위한 베이스 구축이었다. 일단 거실과 주방은 가족이 함께 사용하기에 부족하지 않도록 오픈된 구조로 계획했다. 벽으로 막혀 있던 주방을 개방하고 시티뷰를 공유할 수 있도록 거실과 대면형으로 배치, 요리하면서도 창을 마주할 수 있는 시원하면서도 편리한 동선을 구축했다. 또 주방 옆에 있던 세탁실을 팬트리로 변경해 공간을 최대한 넓히고, 기존의 세탁실은 안방 발코니로 이동시켰다.

벽을 허물어 공간감에 주력한 공용공간과는 달리 침실 등의 개인 공간엔 적절한 공간 구획이 진행됐다. 우선 크게 엄마의 공간과 아들의 공간으로 나눠 각 실마다 용도가 분명하도록 했다. 엄마의 공간은 휴식과 사색, 수납을 충족한 룸으로 침대가 있는 침실 외에도 사색을 위한 좌식 공간 그리고 라운지체어가 놓인 휴식 공간이 마련되어 있다. 여기에 파우더룸 겸용 드레스룸과 욕실까지 배치돼 철저히 개인 공간으로 사용된다. 고등학생인 아들의 방은 학습에 집중할 수 있도록 잠자는 공간과 드레스룸, 공부를 위한 공간이 분리되길 원했다. 따라서 좁은 공간을 재배치하는 것에 주력, 발코니를 확장해 여유 공간을 확보하고 가벽을 세워 침실과 학습 공간을 분리했다. 또 옆방 드레스룸과 이어지는 일부 벽을 활용해 작은 드레스룸까지 별도로 제작했다.

용도별로 각 실마다 구조를 변경한 뒤에는 새로 구입할 가구·가전의 스타일링과 기존 가구의 재배치에 심혈을 기울였다. 외부의 전경과 어우러질 수 있도록 모던한 스타일을 기본으로 하되, 타일과 패브릭, 소품 등을 이용해 다른 집과는 다른 이국적인 분위기를 연출했다.

Entranace

현관은 수납장으로 채우기보다는 오
픈된 구조의 프렌치 스타일로 꾸몄
다. 바닥에는 카펫이 연상되는 모자
이크타일로 패턴을 만들어 재미를
주고 밝고 넓어 보이게 하부장 위로
큰 거울을 제작했다. 외출복을 걸어
둘 수 있는 옷걸이까지 있어 디자인
과 실용성을 모두 갖춘 공간이 됐다.

Living Room

가족의 취향을 반영해 이국적인 느낌을 최대한 살리되 외부의 전경과 자연스레 어우러질 수 있도록 모던함을 가미, 가족 모두가 만족할 만한 공간이 완성됐다. 자투리 공간에는 수납장을 짜 넣고 확장한 일부 공간엔 자잘한 물품 수납이 가능한 넓은 데이베드를 만들어 공간이 언제나 정돈될 수 있도록 했다.

Kitchen

복도 가벽을 철거해 개방감을 주는 대면형으로, 화이트 컬러의 화사한 공간이 완성됐다. 기존의 세탁실을 주방의 팬트리로 변경해 협소한 주방의 단점을 보완, 전면에는 조리공간을 후면으로는 수납공간을 명확하게 나눠 공간이 한층 정돈돼 보인다.

Master Bedroom

침실에서 많은 시간을 보내는 클라이언트를 위한 공간. 단을 올려 좌식 공간을 만들고 철제 파티션으로 분리,
덕분에 공간이 더욱 아늑하고 입체적으로 느껴진다. 안방 내부는 휴식 공간인 침실과 단장을 위한 드레스룸,
욕실로 나뉘는데 드레스룸과 욕실은 개방된 구조로 하나의 공간으로 이어지도록 했다. 발코니에는 세탁실을
배치해 동선이 편리하다.

BEFORE

AFTER

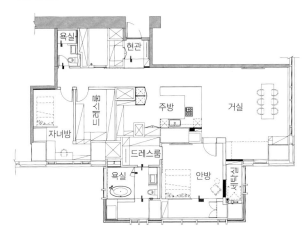

Bathroom

안방의 드레스룸과 이어진 안방 욕실. 세면 공간과 목욕공간은 바닥재를 달리해 시각적으로 분리하고 변기가
바로 보이지 않도록 벽을 세워두었다. 세면 공간 바닥의 타일은 우드 패턴의 수입 타일을 적용했는데 드레스
룸의 원목마루와 연장감이 느껴져 자연스럽게 동선이 이어진다.

Bedroom

좁은 공간에 잠자는 공간과 공부하는 공간, 드레스룸을 모두 담아내기 위해 발코니를 확장하고 가벽을
세워 학습과 수면 공간을 분리했다. 또 옆 방 드레스룸과 이어지는 일부 벽면을 이용해 아이의 작은 드
레스룸도 마련해주었다.

Space Point

확장으로 인한 공간 활용

자투리 공간을 활용해 청소기나 자질구레한 용품을 정리할 수 있는 수납장을 마련했다. 화이트 도어를 달아 문을 닫아두면 하얀 벽처럼 느껴진다.

동선을 고려한 와인 특화 수납

와인을 즐기는 클라이언트가 편하게 와인을 꺼내 마실 수 있도록 와인 냉장고와 수납장을 거실 쪽으로 배치해두었다. 세로로 길게 제작된 와인잔 수납장이 인상적이다.

특별한 공간을 위한 아이템, 커튼

일반적으로 커튼은 창을 가리기 위해 사용되지만, 분위기를 바꾸는 데에도 효과적인 아이템이다. 벽면을 감싸는 하늘하늘한 커튼 덕에 공간이 한층 풍성해졌다.

05

곳곳이 포토존, 스튜디오 같은 나의 하우스

MULTIFUNCTIONAL HOUSING IDEA

Interior Source

대지위치 경기도 고양시

거주인원 4명(부부+자녀2)

연면적 238.44m²(72.13평)

내부마감재 벽-신한벽지 / 바닥-
지복득마루 원목마루

욕실 및 주방 타일 팀세라믹

수전 등 욕실기기 주방 수전-더죤테크
/ 욕실 도기 및 수전-더죤테크,
아메리칸스탠다드

주방 가구 자체 제작, 세라믹 상판

조명 3인치 조명, 펜던트(노르딕네스트,
르위켄)

스위치 및 콘센트 르그랑 아펠라

중문 오크 원목 제작

방문 영림도어, 도무스 실린더

붙박이장 자체 제작

시공 및 설계 스튜디오33 070-4917-
3323 ⓘ studio33_design

사진 진성기(쏘울그래프)

조용한 주택단지, 한창 에너지 넘치는 귀여운 5살 쌍둥이 형제가 사는 곳. 아파트에서의 삶이란 몇 층에 거주하든지 층간소음에서 자유로울 수 없는 일이다. 조용히 해야 하는 아이나, 그렇게 하도록 잔소리해야 하는 부모나 피곤하긴 마찬가지. 부부는 두 아이가 집이 놀이터 마냥 즐거운 공간으로 기억되길 바라며, 주택으로의 이사를 결심했다. 처음 계약한 집이 취소되고, 또 다른 주택을 계약하기까지 마음고생이 있긴 했지만, 새로 찾은 목조주택은 가족들의 마음에 쏙 들었다. 볕이 잘 드는 넓은 거실과 주방 그리고 아이들이 오르내리며 깔깔거리기 좋은 계단, 유아복 쇼핑몰을 운영하고 있는 아내의 작업실까지 별도로 배치할 수 있는 곳이었다.

부부는 가족의 새로운 보금자리가 따스하고 부드러운 분위기의 집이길 바랐다. 하루 중 가장 오랜 시간을 보내는 곳이기에, 아이들이 집의 온기를 충분히 받아 온화하고 밝은 아이로 자라길 바라는 마음이 아니었을까. 이러한 마음을 담아 디자인하다 보니 자연스레 곳곳이 포토존인 스튜디오 같은 공간이 연출됐다. 편안한 내 집에서 상품 촬영도 할 수 있게 되니, 그야말로 일석이조다.

하지만 집이 완성되기까지 순조롭지만은 않았다. 철거를 하는 도중 곳곳에서 문제점이 드러났다. 가장 큰 문제는 1, 2층 사이 천장 누수. 욕실의 수전과 배수 위치 이동 또한 만만치가 않았다. 겉으로 드러나진 않지만 누수와 설비 공사는 가장 중요한 부분이기에, 큰 골조는 살리되 목공 보강과 설비 시공으로 기본에 충실하고자 했다. 예산이 이 부분에 집중되면서 인테리어는 잘 보이고 자주 사용하는 공간의 자재와 디테일에 좀 더 힘을 주는 방식으로 진행됐다.

스튜디오33의 현정호 대표는 가정집이지만 제품 촬영 시 스튜디오 역할을 겸할 수 있도록 공간을 구상했다. 그러기 위해서 무엇보다 수납 공간 확보와 포인트 요소에 집중했다. 두 아이의 장난감과 살림살이를 말끔하게 정리할 수 있도록 수납에 주력하되, 공간에 재미를 더하기 위해 석재나 원목, 거울, 조명 등 포인트 요소들을 가미하기로 했다. 기존의 바탕 위에 필요한 것은 더하고, 불필요한 것은 제하며 위시리스트를 꼼꼼히 담아낸 현장. 그리고 여기에 살짝 입힌 디자인이라는 감각. 억지스러운 곳 없이 자연스러움이 느껴진다.

Living Room & Dining Room

단차로 인해 주방과 거실이 분리되는 구조로, 한층 아래의 거실은 구조 덕분에 더욱 아늑하게 느껴진다. 높낮이를 달리한 바닥을 그대로 유지한 건 아이들이 기어오르거나 뛰어다니면서 놀 수 있도록 한 부부의 선물이다.

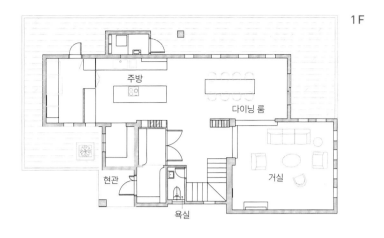

1F

주방
다이닝 룸
거실
현관
욕실

2F

부부 침실
드레스룸
욕실
파우더룸
욕실
아이들방
가족실
놀이방

3F

서재 겸 업무 공간

Kitchen

상부장 대신 선반을 설치해 개방감을 한껏 살린 깔끔한 주방. 주방이 이토록 깔끔하게 완성될 수 있었던 건 바로 히든 스페이스 덕분이다. 키큰장으로 보이는 가구의 문을 열면 그제야 드러나는 냉장고와 전자렌지 등의 가전제품들. 그 옆으로는 식료품 보관 창고인 팬트리도 마련되어 있다.

Bathroom

2층 가족 욕실 앞으로는 건식 세면대를 설치해두었다. 아이의 눈높이를 고려해 원형 거울 두 개를 활용한 아이디어가 재미있다. 욕실에는 두 아이가 함께 들어가 물놀이를 할 수 있도록 욕조를 확대해 설치하고 계단을 만들어 안전까지 챙겼다

Family Room

2층 가족실은 기존의 답답했던 벽을 철거하고 낮은 가벽을 시공해 가족들의 시선이 오가는 소통의 공간이 될 수 있도록 했다. 계단 역시 많은 공을 들였다. 화이트와 원목 인테리어 콘셉트를 그대로 담아내기 위해 원목마루로 만든 디딤판과 여러 공정을 걸쳐 핸드레일을 제작 시공해 다른 공간과의 통일감을 살렸다.

Master Bedroom

수납이 많이 필요했던 안방은 가벽을
적극적으로 활용해 침실과 드레스룸
을 분리하고 욕실 사이즈를 줄이는 대
신 한 켠에 파우더룸을 배치, 공간의
효율성을 높였다. 헤드 없이 깔끔하게
디자인된 침대 옆으로 달아 놓은 펜던
트가 사랑스럽다.

Space Point

가전제품을 모두 숨긴 팬트리

심플한 화이트 주방을 실현시켜 준 팬트리 공간. 키큰장으로 보이는 가구의 문을 열면 주방의 모든 가전제품들이 숨겨져 있다.

벽면을 활용한 와인 수납장

철거가 불가능한 벽면의 빈 공간을 활용해 와인 수납장을 제작했다. 수납과 디자인 모두를 만족시킨 공간이다.

리디자인으로 재탄생한 벽난로

따스한 컬러의 심플한 디자인으로 분위기를 주도하는 아이템. 기존의 낡은 대리석 벽난로를 철거하지 않고 재활용해 만들었다.

06

유일무이,
부부만을 위한 모든 것

———

WHAT A UNIQUE

Interior Source

대지위치 경기도 의왕시

거주인원 2명(부부+반려견)

건축면적 188㎡(57평)

내부마감재 벽-실크벽지(욕실, 드레스룸·다브수입벽지) / 마루-
포세린타일

욕실 및 주방 타일 가이 수입박판세라믹

수전 등 욕실기기 도기-아메리칸스탠다드 / 수전-슈티에

주방 가구 제작(무늬목 도어), 블럼 하드웨어

조명 중국 oem

스위치 및 콘센트 르그랑

중문 보조주방 간살도어-위드지스

방문 제작(필름 도어), 모티스 도어락

붙박이장 자체 제작 가구

식탁 자체 제작 가구

소파 챕터원

식탁 의자·바 의자 에잇컬러스

시공 및 설계 817디자인스페이스 ⓞ 817designspace_director

사진 진성기(쏘울그래프)

성공적인 리모델링은 어떤 것일까. 어쩌면 추후 집을 매도할 때를 생각해 무난하게 공사를 하는 것이 소위 말하는 가성비로 따지자면 효율적일지도 모르겠다. 남들이 보기에도 그럴싸한 집은 매매도 수월할 테니까. 하지만 이 집 부부는 달랐다. 새 아파트의 펜트하우스를 분양받았지만 평범한 구조는 싫었다. 그대로 살아도 불편함은 없겠지만, 실질적인 사용감을 중시했기에 과감한 구조 변경을 선택했다.

평면상 집의 구조는 아래층의 두 세대를 합친 구조로 두 개의 마스터룸이 존재하는 상태. 부부 둘이 사용하기엔 불필요했기에 각자 원하는 공간으로 바꾸기로 했다. 부부의 니즈는 명확했는데 우선 남편의 운동공간과 아내의 단독 드레스룸 그리고 비주얼이 뛰어난 주방과 반려견을 위한 공간을 갖길 원했다.

내부는 브릿지처럼 긴 복도를 중심으로 공간이 양쪽으로 나뉘는 구조로 평면상 현관과 주방이 우측으로 치우쳐 있는 형태였다. 따라서 현관을 기준으로 우측으로는 공용공간인 주방, 거실, 다이닝을 배치하고 좌측으로는 프라이빗한 공간인 침실과 가족실 등을 배치했다. 좌우로 길게 펼쳐진 공간의 선 정리와 전체적인 통일감도 필요했기에 한 가지 색을 메인으로 두고 컬러 배치를 진행했다. 특히 비주얼을 담당할 주방에 가장 심혈을 기울였다. 기존의 주방은 넓은 공간에 비해 상대적으로 왜소하고 답답한 느낌이었다. 우선 도어를 활용해 과감하게 보조주방과 주방으로 분리, 와이드한 키큰장을 제작하고 그 사이즈에 걸맞은 넓은 아일랜드를 놓아 홈바 느낌의 주방으로 완성했다. 수납 위주의 간략한 구성으로 요리 빈도가 낮은 맞벌이 부부의 라이프스타일을 적극 반영한 레이아웃이다. 중후한 분위기로 통일감을 준 공용공간과는 달리 각자의 공간은 개인의 취향대로 꾸며졌다. 남편의 운동공간은 블랙컬러의 시크한 느낌으로, 아내의 드레스룸은 프렌치 감성을 담아낸 블루컬러 공간으로 완성됐다. 겉만 그럴싸하게 꾸민 집이 아닌 항상 꿈꾸던 나만의 공간을 모두 구현한 집. 이런 곳이라면 이사하지 않고 오래오래 머물고 싶어질 듯하다.

Living Room & Kitchen

현관에서 시작되는 진한 무늬목 라인이 내부 벽면으로 이어져 거실로 향하는 동선이 자연스럽다. 무늬목 라인과 함께 주방에는 짙은 컬러의 아일랜드와 벽타일을 매치하는 등 전체적인 톤을 맞춰 시각적인 흐름 또한 끊기지 않도록 했다. 거실에는 특별한 포인트를 두지 않고 여백을 살린 덕에 메인 공간인 주방이 더욱 돋보인다.

Kitchen

주방은 홈바처럼 꾸며졌다. 요리 빈도가 낮은 맞벌이 부부의 라이프스타일을 감안, 조리대가 중점인
일반적인 주방 구성보다 간결화된 홈바 타입의 주방으로 완성했다. 중앙의 넓은 아일랜드가 공간의 중
심을 잡아준다.

Bathroom

과감히 샤워실을 없앤 손님용 욕실
에는 화려한 벽지 마감으로 포인트
를 줬다. 그린과 골드 컬러를 사용해
전체적으로 비비드한 감성에 내추럴
함을 더했다.

Dress Room

거실 안쪽에 배치된 드레스룸은 아내의 취향과 감각이 고스란히 녹아든 공간으로 클래식한 몰딩과 골드 핸들 포인트, 라운드 거울로 프렌치함을 강조했다. 드레스룸과 욕실, 세탁실이 한 곳에 놓여 있어 동선 또한 편리하다.

BEFORE

AFTER

Master Room

공용공간으로 사용되는 거실과는 달리 안방 거실은 부부만 사용하는 프라이빗한 공간이다. 주로 부부와 반려견
들이 함께 시간을 보내는 곳으로 옆으로 반려견 전용 테라스도 마련되어 있다. 거실 안쪽으로는 운동공간이 있
어 운동 후 가벼운 휴식을 취하기에도 좋다.

Space Point

드레스룸의 히든 도어

거실 옆에 위치한 드레스룸의 존재를 최대한 감추고자 히든 도어를 선택했다. 문을 열면 안쪽으로 아내의 드레스룸이 이어진다.

기능성을 높인 아일랜드 식탁

하단에 의자를 넣을 수 있는 구조로 식탁으로의 활용도가 높은 편. 부부가 함께 커피를 마시거나 간단한 식사를 할 수 있는 공간이다.

07

탐나는 공간 개조 성공기

BETTER THAN EXPECTED

Interior Source

대지위치 인천시 서구

거주인원 3명(부부+자녀1)

건축면적 111㎡(33평)

내부마감재 벽-LX하우시스 베스띠 벽지 / 주방 벽 및 공용부
바닥-윤현상재 타일, 이모션화이트 / 방 바닥-구정마루 헤리티지
원목마루, 티크

욕실 및 주방 타일 욕실 벽·바닥-대제타일 외 / 주방 아일랜드·거실
TV장·안방욕실 하부장 상판-이날코 세라믹, 페트라 / 안방 파우더
상판-천연 화강석, 레논 레더

수전 등 욕실기기 아메리칸스탠다드 외

주방 가구 제작(PET 및 오크 무늬목 도어)

조명 AGO LIGHTING(주방 다이닝 및 아이방) 외

중문 현관 스윙도어-투명유리+제작 손잡이 / 주방 슬라이딩도어-
오크 원목 간살 / 안방 슬라이딩도어-금속 간살 프레임 위 블랙
분체도장 + 브론즈 유리

파티션 주방 다이닝-유리블럭

방문 제작(ABS 도어), 도무스 실린더

붙박이장 자체제작 가구

시공 및 설계 블랭크스페이스 권혁신, 전부야 010-7204-9204

blankspace.kr

사진 진성기(쏘울그래프)

부부와 자녀, 세 명의 가족이 지내는 공간. 겉보기엔 거실과 주방 그리고 방으로 이뤄진 평범한 구조지만, 자세히 들여다보면 모든 장소에 구조 변경이 진행된 집이다. 분양받은 신축 아파트였던 터라, 처음부터 대대적인 공사를 계획했던 것은 아니었다. 몇 군데만 손 보면 되리라 생각했던 것이 시간이 갈수록 범위가 커졌다. 요즘 분양하는 아파트답게 실용적인 평면을 제공하고 있었지만, 세 가족이 지내기엔 알파룸을 포함한 많은 방들이 불필요하게 느껴졌다. 업체 네 곳과 미팅을 했지만, 딱히 뾰족한 수가 없던 차에 블랭크스페이스를 만나게 된 부부는 생각지도 못한 구조변경으로 해답을 얻게 됐다.

아이가 성장할 때까지 오래 살 것을 염두에 두고 가족의 생활에 딱 맞는 집을 맞춰야 했다. 기존의 평면으로는 여러 면이 불편했다. 자녀가 많은 집이라면 방 하나씩 각각 나눠 가지면 될 일이지만, 부부와 아이가 모든 방을 두루 활용하기란 쉽지 않아 보였다. 또 현관에 들어서자마자 보이는 방문 또한 불만이었다. 이런 상황을 모두 고려해 우선 방문 앞에 대각선으로 가벽을 세워 현관을 길게 확장했다. 가벽 덕분에 방문은 가려지고 입구 쪽 복도에 나란히 있던 2개의 방은 침실과 드레스룸, 욕실로 이어진 마스터룸으로 구성됐다. 입구의 방이 마스터룸으로 변경되면서 기존의 마스터룸은 아이방과 드레스룸으로 분리돼 새롭게 디자인되었다. 개인 공간의 구조 변경이 진행되는 동안 주방 역시 탈바꿈이 한창이었다. 다이닝 공간을 겸하는 주방을 확보하기 위해 불필요한 알파룸 벽면을 철거해 주방을 확장하고 대면형 주방 구조를 실현했다. 세로로 깊었던 주방을 가로로 재배치하면서 뒤편의 공간은 세탁실로 설계, 벽체를 세워 분리하면서도 유리블럭을 시공해 채광을 확보했다.

공간 하나하나에 쓰임을 주고 싶어 예산 증가까지 감수하고서 진행했던 공사. 어느 한 부분도 만족스럽지 않은 공간이 없다. 공들인 구조변경 덕분에 111m² 면적은 그대로이지만 가족들이 누리는 공간은 그 이상이 되었다.

Living Room

무몰딩 도배 마감으로 심플함이 돋보이는 거실. 벽면과 가구, 천장의 모서리를 모두 곡선으로 마감해 전체적
으로 따스하고 아늑한 분위기가 느껴진다. 소파 뒷면 철거가 가능한 일부 벽체에는 매립형 선반을 제작하는
등 버려지는 공간 없이 꼼꼼히 설계했다.

Kitchen

기존 냉장고장이 자리했던 곳에 홈바를 시공하고 그 앞으로는 여유로운 다이닝 공간을 배치했다.
알파룸 확장으로 새롭게 구성된 주방에는 편의에 따라 수납장을 제작, 넉넉한 조리 공간을 확보
했다. 주방 뒤편 세탁실은 벽체를 세워 분리하면서도 유리블럭 창을 시공해 답답함을 줄였다.

BEFORE

AFTER

Kids Room

기존의 마스터룸이 아이방과 드레스룸으로 분리돼 새롭게 디자인되었다. 공간을 분리하면서 침실이 다소 협소해진 탓에 문은 슬라이딩 도어로 교체하고 내부에 팬트리를 제작, 책장이나 수납장 용도로 활용할 수 있도록 했다.

Master Bedroom

현관 입구에 나란히 배치되어 있던 2개의 방이 침실과 드레스룸, 욕실로 구성된 새로운 마스터룸
으로 변경됐다. 방 사이 벽체 일부를 철거하고 슬라이딩 도어를 달아 침실 안쪽을 파우더 공간과
서재가 있는 부부 전용 드레스룸으로 꾸며 활용도를 높였다.

Space Point

날개벽을 활용한 아일랜드 제작

철거가 불가능한 날개벽 안쪽으로 아일랜드를 이어서 제작했다. 안쪽으로 후드와 조리대를 배치해 보기에도 깔끔하다.

유리블럭 가벽 하단의 수납공간

주방과 세탁실 사이에 유리블럭을 시공, 채광을 확보하고 하단에 생긴 데드스페이스를 활용해 수납공간을 만들었다.

매립형 수전이 돋보이는 욕실

안방 욕실은 짙은 그레이 컬러의 타일 베이스에 매립형 블랙 수전과 월넛 우드타일을 시공해 고급스럽게 연출했다.

08

삼대를 위한 프라이빗한 공간 제안

INVITATION TO PRIVATE SPACE

Interior Source

대지위치 대전시 유성구

거주인원 5명(부모님+부부+자녀1)

건축면적 171.88㎡(51.99평)

내부마감재 벽-벤자민무어 친환경

도장 / 바닥-마루(구정 프리미엄 강,

샌드브러쉬), 타일(포세린 타일(수입))

욕실 및 주방 타일 포세린 타일(수입)

수전 등 욕실기기 매립수전,

아메리칸스탠다드 양변기, 콜러 세면대,

거울·수건걸이·욕실장 제작

주방가구 자체 제작 가구(블럼 하드웨어,

토탈석재 빅슬랩타일 상판)

주방가전 팔멕 스텔라 후드, 한스그로헤

수전, 밀레 식기세척기

조명 실링팬(에어라트론),

다이닝조명(세르주무이), 벽등(루체테)

스위치 및 콘센트 융, 르그랑

중문 월넛 원목 슬라이딩

도어(월넛+유리), 부부침실 슬라이딩

도어(월넛 간살+미스트 유리)

파티션 월넛 원목 간살(다이닝)

방문 제작-히든 도어, 도무스 도어락

붙박이장 자체제작 가구

시공·설계 스탠딩피쉬 디자인

010-4849-2399 📷 standing_fish

사진 진성기(쏘울그래프)

부모와 아들 내외 그리고 손녀딸이 함께 살고 있는 곳. 취향과 활동 시간이 다른 삼대가 공존한다는 것은 그리 쉬운 일이 아니다. 크고 작은 불편함이 있을 법한데, 그러함에도 함께 하는 이들을 위해 새로운 제안이 필요했다. 가족들이 가장 원했던 것은 가족 구성원이 많은 만큼 최대의 공간 확보와 각 공간의 독립성이었다. 그리고 가족이 함께할 쾌적하고 넓은 다이닝룸 또한 공사 리스트에 담아뒀다. 그에 대한 바람은 스탠딩피쉬 디자인을 통해 고스란히 반영됐다. 무엇보다 공간의 활용도에 집중했다. 한정된 공간에 가족들이 만족할 만한 요소들을 모두 품어야 했기에, 세대별 공간을 무조건 분리할 수는 없었다. 우선 공유할 공간과 개별 공간을 나누고 하나의 공간이라도 다양하게 활용할 수 있도록 방향을 잡았다.

공간의 재배치 역시 고심한 부분이다. 기존에는 긴 복도를 따라 세 개의 방이 이어져 있고 안쪽으로 안방과 거실, 주방이 자리해 있는 구조로, 삼대가 살기엔 다소 불편한 배치였다. 독립적인 공간 구성을 위해 현관을 중심으로 공간을 크게 좌우로 분리했다. 좌측 2개의 방을 확장한 곳은 아들 부부의 공간. 입구에 간살 슬라이딩 도어를 달아두었는데 이 문을 열고 안으로 들어서면 부부 욕실, 드레스룸 그리고 침실이 이어진다. 드레스룸 안쪽으로 배치된 가족실은 부부가 함께 영화를 보거나 인터넷을 하는 등 여가시간을 보낼 수 있도록 마련된 장소다. 복도 우측으로는 부모님을 위한 침실과 서재 공간을 배치했다. 아늑하기도 하지만, 거실과 주방을 오가며 안부를 묻고 소통할 수 있는 최적의 위치다. 특히 서재의 경우 기존 드레스룸의 벽을 철거하고 유리벽으로 시공해 개방감이 느껴지도록 했다. 거실에서 서재 안쪽의 욕실을 사용하기에도 편리해져 여러모로 만족도가 높은 공간이 되었다.

삼대가 모여 사는 건 때론 불편한 일일 테지만, 함께하는 즐거움에 집중하면 그 또한 소소한 일상이 되어간다. 누군가가 불편함을 감수해야 하는 공간이 아닌 가족 모두가 만족할 수 있는 이곳에서라면 더욱 그렇지 않을까.

집의 전체적인 분위기는 화이트와 그레이, 우드가 어우러져 차분한 스타일로 꾸며졌다. 각기 다른 취향을 모두 담아낼 수 없기에 복잡한 장식보다는 공간마다 어울리는 조명으로 포인트 주는 방식을 택했다. 현관 벤치의 벽등, 화장대의 우드 펜던트, 서재의 라인 조명, 거실 소파 위의 화이트 펜던트 등 은은한 조도와 빛으로 공간의 긴장감을 낮추고 편안함을 이끌었다.

Living Room & Kitchen

현관 좌측으로는 아들 부부의 공간이, 우측으로는 서재와 부모님과 자녀
방 그리고 거실이 이어진다. 복도 벽을 허물고 통유리로 시공한 서재 덕
분에 공간에 개방감이 느껴진다. 가족들이 모이는 거실과 주방, 다이닝룸
은 매끈하게 도장된 벽면과 포세린 타일로 마감한 바닥, 네모반듯한 아일
랜드 조리대에 천장매립형 후드까지 군더더기 없이 심플하다.

Bedroom

부모님의 침실은 기존 침대에 맞춰 헤드보드를 제작하고 프렌치 스타일의 전신거울을 포인트로
전체적으로 우아하고 차분한 분위기로 연출했다. 침실 옆에 있는 문을 열면 서재와 욕실이 이어진다.

BEFORE

AFTER

Study Room

기존에 드레스룸이었던 공간을 서재로 변
경, 화장대와 책상을 배치해 공간의 활용도
를 높였다. 유리벽으로 시공한 서재는 복도
쪽으로도 문을 내 가족들이 오가며 소통할
수 있도록 했다.

Master Bedroom

복도의 간살 슬라이딩 도어를 열고 들어서면, 아들 부부를 위한 욕실과 서재 겸 드레스룸, 침실이 마련되어 있다. 드레스룸 창가에 마련된 가족실에는 TV와 미니 냉장고, 소파를 갖추고 있어 저녁 시간 부부와 딸이 함께 영화를 보는 등 편안한 시간을 보내곤 한다.

Space Point

부모님을 위한 통유리 서재 공간
기존 안방의 드레스룸을 철거하고 그 자리에 서재를 마련했다. 복도 쪽 벽을 허물고 유리벽으로 시공, 가족들의 발길이 자주 닿는 소통의 공간이 된다.

안방으로 통하는 출입문
부부의 공간에 별도의 문을 달아 프라이버시를 확보했다. 월넛 소재의 간살 슬라이딩 도어를 열면 욕실과 드레스룸, 침실이 차례로 눈에 들어온다.

천장 매립형 주방후드
커다란 노출형 덕트 대신 천장 매립형 후드를 선택, 시야가 탁 트여 공간이 한층 쾌적해 보인다. 기름때를 닦아내느라 수고스러울 필요가 없으니 단연 편리한 아이템이다.

09

주방 깊숙이
빛을 끌어들이는 방법

FOR A MORE QUALITY TIME

Interior Source

대지위치 경기도 성남시

거주인원 3명(부부+자녀1)

건축면적 178.5㎡(55평)

내부마감재 벽-벤자민 무어 스크프 엑스 / 바닥재-윤현상재
수입타일, 지복득 마루

욕실 및 주방 타일 윤현상재 수입 타일

수전 등 욕실기기 더존테크 매립수전, 아메리칸 스탠다드 도기

주방 가구 제작 가구(PET)+블룸 하드웨어+세라믹 상판

조명 필립스 매립조명, 아스텝 Model 2065 펜던트 조명(식탁등)

스위치 및 콘센트 융

중문 원목 월넛 슬라이딩 중문(원목+유리)

파티션 주방 10T 투명 강화 유리 파티션

방문 자체 제작 43T 도어

붙박이장 맞춤가구(자체 제작가구)

시공 및 설계 이스크 디자인 1533-0466 www.yskdesign.co.kr

사진 진성기(쏘울그래프)

맞벌이를 하는 가족에게는 서로 소통할 시간이 절실하다. 이 집의 가족들 역시 마찬가지. 주말이면 가족들이 모일 넓고 환한 거실과 주방이 필요했다. 55평 남짓한 183㎡ 아파트는 세 가족이 살기에 충분한 크기지만 구조상 구석진 곳에 위치한 주방이 문제였다. 벽으로 막힌 공간은 면적에 비해 좁고 답답해 보였고 식사 준비를 하면서도 가족과 소통하길 원하는 아내에게는 대면형 주방이 적합했다. 그리고 주방과 더불어 어두운 복도도 해결해야 할 부분이었다.

준공된 지 20년 된 낡은 집이었지만, 부부에게는 오히려 다행이다 싶었다. 어설픈 부분 수리보다 전체 공사로 공간을 정리하기에 좋은 기회였다. 우선 대면형 주방을 위해 복도 쪽 주방 벽을 철거하고 그 자리에 유리를 시공, 시각적으로 거실과 이어져 개방감이 느껴지도록 했다. 열린 주방으로의 변신은 꽤 만족스러웠다. 다음은 채광이 문제였다. 주방 맞은 편에는 서재가 있는 구조라 빛이 차단된 상태. 고민 끝에 서재의 한쪽 벽을 유리블록으로 시공해 문제를 해결했다. 서재의 빛이 유리블록을 통과해 주방과 복도로 스며들도록 한 것. 덕분에 공간이 한층 밝고 유니크해졌다.

자재 선정에도 신중을 기했다. 보기에 근사한 자재들보다는 관리가 쉬우면서도 내구성이 뛰어난 자재들을 선택했다. 집안일에 너무 많은 시간을 소요하지 않고 가족과 함께 시간을 보내기 위해서다. 또 재택근무나 줌 수업 등으로 집 안에 머무는 시간이 많아졌기에 가족의 건강을 고려해 바닥재와 벽지, 합판 등을 모두 친환경 제품으로 선택했다. 이렇게 차분히 기본을 다진 후에는 사용하기 편리한 가구들로 채워갔다. 소파와 식탁, 침대 등 가족들에게 꼭 필요한 가구들로만 배치하고 수납이 필요한 현관과 침실, 주방엔 붙박이장을 제작해 군더더기 없이 깔끔하게 마무리했다. 소통이라는 키워드로 꼭 필요한 공간에 주력한 집. 단점을 보완해 기본을 탄탄히 했기에 살면 살수록 깊은 매력이 느껴질 듯하다.

Entrance & Living Room

화이트와 우드 컬러의 조합으로 화사하면서도 차분한 무게감이 느껴지는 현관과 거실. 중문을 열자마자 거실이 이어지는 구조로 두 공간을 자연스레 잇는 것이 관건이었다. 비슷한 컬러의 마감재와 가구로 통일감을 주고 간접조명을 통해 부드러운 분위기를 연출, 천장은 최대한 높여 입구에서부터 집 안에 들어서기까지 개방감이 느껴지도록 했다.

Kitchen

주방은 조리 동선에 따라 ㄱ자로 편리하게 구성했다. 복도 쪽 벽을 철거해 공간을 더욱 확장하고 대면형 주방 형태로 거실과 자연스레 이어지도록 했다. 또 채광 확보를 위해 맞은편 서재 벽면을 유리블록으로 처리, 주방뿐 아니라 복도까지 밝아지는 효과를 얻었다.

Study Room

채광이 좋은 곳에 배치된 서재는 디자이너인 아내를 위한
공간이다. 디자인 작업과 취미 생활을 함께 할 수 있도록 발
코니를 확장해 공간을 최대한 확보했다. 한쪽 벽을 가득 메
운 유리블록 덕분에 공간에 재미와 개방감이 극대화되었다.

Bedroom

침실과 공부방을 겸할 수 있도록 공간을 확장, 창가에는 책상을 배치하고 안쪽으로 침대를 배치해 공간을 분리했다. 침대와 이어진 맞춤형 붙박이장 덕분에 공간이 한층 정돈돼 보인다.

BEFORE

AFTER

Bedroom & Bathroom

라운드 형태의 발코니를 확장한 덕분에 공간이 한층 이국적으로 느껴진다. 별도의 드레스룸을 만들기보단 최대한 넓은 공간을 유지하면서 한쪽 벽면에 붙박이장을 시공해 수납을 해결했다. 심플한 디자인의 욕실엔 유지관리가 쉬운 타일 부스를 적용하고 상하부로 넉넉한 수납장을 제작해 디자인뿐 아니라 활용도에서도 만족스럽다.

Space Point

채광과 디자인을 위한 유리블록

서재의 기존 벽을 철거한 후 그 자리에 유리
블록을 시공했다. 빛은 통과하지만 내부가
잘 보이지 않아 프라이빗한 공간에도 적용
이 가능하다.

매립형 원형 선반의 활용

다이닝룸을 확장하면서 생긴 여유 공간에
원형 선반을 제작, 단조로운 공간에 포인트
가 되어준다. 매립형으로 제작해 오가는 동
선에도 편리하다.

냉장고장 옆 히든 도어

주방 옆 발코니를 확장해 보조주방으로 만
든 후, 보조주방으로 이어진 문을 냉장고장
과 함께 제작해 감쪽같이 숨겨놨다. 푸시 도
어로 손잡이가 없어 심플하다.

10

와인존과 평상에서 만끽하는 주말

HEALING WITH SMOOTH HOUSE

Interior Source

대지위치 경기도 성남시

거주인원 4명(부부+자녀2)

건축면적 158m²(67평)

내부마감재 벽·천장-벤자민무어 oc-130 / 바닥-마지오레 원목마루 오크브러시 / 와인존 가구 도장-벤자민무어 hc-135 / 딸 방 포인트 컬러-벤자민무어 1192 / 아들 방 포인트 컬러-벤자민무어 1668

욕실 및 주방 타일 유로세라믹 수입타일, 윤현상재 수입타일, 중앙상재

수전 등 욕실기기 욕실 수전 및 도기-제이바스 수입수전, 아메리칸스탠다드 / 그 외 액세서리-더죤테크

주방 가구 자체 제작-무늬목 티크 / 주방 수전-그로헤 / 와인존 수전-슈티에

거실 가구 자체 제작-무늬목 티크

조명 르위켄, 대광조명, 포시즌 조명

아이방 가구 자체 제작 / 기존 소장가구-침대, 책상, 의자

평상 마지오레 원목마루 오크브러시

중문·방문·붙박이장 자체 제작

설계 및 시공 리플디자인 031-262-1537 ⓞ reple_design

사진 허완(허완 스튜디오)

수리가 필요했던 오래된 아파트는 가족 모두가 애정하고 가꾸는, 따뜻하면서도 정돈된 집으로 재탄생했다. 부부는 차분한 분위기 속에서 공부하고 싶은 마음이 드는 공간들을 만들길 원했다. 그 공간은 가족이 함께할 수도 있고 혼자서 집중할 수도 있는 곳이었으면 했다. 부부의 니즈가 반영된 서재형 거실, 발코니를 확장해 제작한 평상, 그리고 다이닝 공간의 와인존 등은 한정된 공간 속에 다채로움을 불어넣는다. 전체적으로 화이트와 우드톤의 따뜻한 무드를 연출하고 필요 없는 문과 가벽은 모두 철거해 더이상 덜어낼 것이 없는 말끔한 분위기를 완성했다. 또 벽체의 라인이 맞지 않는 곳에는 라운딩 처리를 해 부드러운 느낌을 주었다.

현관에 들어서면 편안하고 정갈한 느낌의 간살 중문과 우드톤의 낮은 신발장이 맞이한다. 깔끔한 출입구의 숨은 공신은 수납공간. 오른쪽에는 위아래를 꽉 채운 신발장, 왼쪽엔 낮은 신발장을 제작해 깔끔한 수납이 가능하다. 중문을 열고 들어오면 옆면으로도 레저용품을 수납하는 팬트리 공간이 이어진다. 현관의 맞은편에는 대형 팬트리가 하나 더 있다. 기존 복도에 위치했던 세탁실과 수납장을 모두 철거한 후 팬트리장, 와인바, 냉장고장이 벽을 둘러싸고 하나의 방처럼 일체화된 빌트인 구조로 제작됐다.

집의 중심은 와인존과 평상이 한눈에 보이는 다이닝 공간이다. 딥 그린 도장 가구로 포인트를 준 이곳엔 와인 잔을 씻거나 와인을 칠링할 수 있는 미니 싱크대를 만들어 두었다. 싱크대에는 인조대리석 상판을 올려 고급스러움을 더하고 선반에 설치한 간접조명은 와인존의 분위기를 한층 살려준다. 넓은 공간 중앙에 있는 원목 테이블은 평소 와인을 즐기는 부부에게 최고의 공간이다. 좋아하는 지인들을 초대해 파티를 열기에도 손색이 없다. 또 이곳의 평상은 또 다른 매력을 가진 쉼의 장소다. 기존 섀시를 철거, 매직글라스를 시공하니 시야를 가리지 않고 사생활 보호까지 절로 해결됐다. 전체 바닥에 시공된 광폭 원목마루가 평상으로도 이어져 일체감과 안정감이 느껴지는 곳. 이곳에서 아이들은 책을 읽기도 하고 음악을 들으며 여가시간을 보내기도 한다.

BEFORE

AFTER

Wine Zone & Dining Room

딥그린 포인트로 분위기를 완성한 와인존.
싱크대와 선반, 와인 냉장고를 빌트인으로
설치했다. 통유리로 자연 풍경을 시원하게
받아내는 실내 평상 아래에는 간접조명을
설치해 편안한 느낌을 조성했다.

Kitchen

아일랜드 식탁으로 홈바 분위기를 낸 주방은 한 면을 가득 채우는 큰 장이 인상적이다. 넓지 않은 주방 공간
이 좁아 보이지 않도록 상부장을 없애고 빌트인 냉장고장과 키큰장, 하부장을 꼼꼼하게 계획했다.

Living Room

다이닝 공간에서 오른쪽
으로 크게 열려 있는 서재
형 거실은 아이들이 항상
책을 가까이할 수 있도록
양쪽 벽 전면에 책장을 제
작했다.

Space Point

내력벽을 활용한 대형 팬트리

내력벽을 중심으로 팬트리 공간과 와인바, 냉장고장이 설치되어 있다. 라운딩 벽으로 부드러운 곡선을 살렸다.

글라스 폴딩도어 설치 발코니

정원으로 이어지는 발코니. 폴딩도어를 열면 바깥 풍경이 서재형 거실로 들어온다. 사계절을 느끼며 책을 읽고 공부하기 좋은 공간.

와인존의 미니 싱크대

와인을 좋아하는 부부에게 안성맞춤인 미니 싱크대. 간단하게 와인잔을 닦거나 와인을 칠링할 때 바로바로 이용할 수 있다.

11

일상과 취향을 담아내는 홈 수납 노하우

HOME STORAGE IDEA

Interior Source

대지위치 서울시 송파구

거주인원 3명

건축면적 230.87m²(69평)

내부마감재 벽-실크벽지 / 바닥-
티앤피세라믹 포세린타일(수입)

욕실 및 주방 타일 욕실 2개-
티앤피세라믹 포세린타일(수입)

수전 등 욕실기기 게버릿, 제이바스 외

주방 가구 제작가구, 블럼 하드웨어

조명 아고, 라이마스, 마르셋 외
LED할로겐

스위치 및 콘센트 르그랑, 융

중문 금속 슬라이딩 도어(금속+유리)

파티션 금속 파티션(금속+유리)

방문 제작(필름지 랩핑), 모티스
도어락+일반 도어락

붙박이장 제작가구

시공 및 설계 소명공간 010-4849-7141
blog.naver.com/somyung_gonggan

사진 진성기(쏘울그래프)

그림 같은 집을 꿈꾸지만, 살다 보면 정리는 현실이다. 수납을 중심으로 이루어지는 매일의 일상. 그런 의미에서 이 집은 실용성과 디자인을 한 번에 만족시킨 집이다. 같은 구조라 할지라도 그 구조를 어떻게 활용하고 보완하느냐에 따라 공간은 완전히 달라진다. 군더더기 없이 간결한 공간을 지향하며, 실용성과 분위기를 모두 잡은 집. 가족들이 좀 더 안락하고 깔끔한 집에서 살길 바라는 마음을 담아 짜임새 있는 인테리어가 진행됐다. 소명공간의 양소명 실장은 사전 미팅을 통해 파악한 고객의 라이프스타일을 고스란히 공간 설계에 담아냈다. "디자인 미팅 전, 고객님의 기존 집을 방문했었는데 구석구석 깔끔하게 정돈된 모습이 인상적이었어요. 그래서 공간마다 디자인을 잡을 때 여기에 어떤 방식으로 수납을 해야 효율적일지를 가장 많이 고민했던 것 같아요. 작업을 마치고 현장을 방문했을 때 모든 수납장이 빈틈없이 줄 맞춰 정리되어 있는 걸 보고 고객님의 만족도를 파악할 수 있었죠." 공간을 새롭게 단장하면서 가장 신경 쓴 부분은 수납이다. 가족들이 모이는 거실과 주방 그리고 침실과 욕실에 이르기까지 넉넉한 수납을 위해 적재적소에 수납장을 짜 넣는 것에 중점을 두었다. 하지만 수납이 빈틈없이 계획되었다고 해서 공간에 대한 만족도가 높을 리는 없다. 지나친 수납은 공간을 답답하고 좁아 보이게 하기 마련이니까.

그레이톤을 선호하는 가족들의 취향을 담아 전체적인 디자인은 심플한 모던 스타일로 방향을 잡았다. 우선 기존의 어두운 마감재와 무거운 느낌의 클래식한 몰딩은 모두 철거, 공간을 최대한 군더더기 없이 비워냈다. 모던함을 강조하기 위해 인테리어 마감재를 고를 때는 컬러 사용을 최대한 절제하되, 아트웍이나 쿠션 등의 소품을 사용할 때만 컬러를 가미했다. 기존의 구조는 크게 흔들지 않는 선에서 동선이나 활용 빈도를 고려해 편리한 요소를 더하는 방식으로 진행했다. 불필요한 구조 변경이 진행되지 않았기에 그에 따른 비용을 절감하는 한편, 제작가구와 하드웨어 등에 좀 더 힘을 실어 결과적으로 한층 업그레이드된 공간이 연출됐다.

공간 하나하나 정성을 들이지 않은 곳이 없다. 얼핏 보면 그저 근사한 집, 예쁜 집이라 하겠지만 하루하루 생활해 보면 감탄하게 만드는 요소들이 가득하다. 평범하고 복잡한 일상을 담아내는 수납장 자체가 오브제가 되는 곳. 수납에 대한 유연한 상상과 새로운 사용법을 알려주는 사례가 아닐까 싶다.

Living Room

자질구레한 물품이 나뒹굴기 마련인 거실에는 수납장을 투입했다. 단 전체적으로 미니멀한 분위기를 고려해 눈에 도드라지는 수납장 대신 기존의 붙박이장을 활용한 슬라이딩 도어 수납장과 가벽형 수납장을 제작했다. 그리고 여기에 윈도우 시트를 더해 자칫 밋밋해보일 수 있는 공간을 한층 다채롭게 연출했다.

Kitchen

넓은 주방 공간에 비해 다소 협소했던 조리공간은 기존 구조는 그대로 살리되, 조리대 길이를 살짝 늘리고 측면으로는 다이닝 공간의 벤치를 제작해 공간 활용도를 높였다. 특히 제과제빵학과에 입학한 자녀가 주방을 편리하게 사용할 수 있도록 넉넉한 하부 수납장을 제작하고 조리대 앞으로 낮은 가벽을 설치해 재료나 조리도구를 올려두기에 편리하도록 했다.

BEFORE

AFTER

세탁실

보조주방

주방

방

방

주방

방

드레스룸

거실

거실

욕실

방

욕실

욕실

방

안방

욕실

드레스룸

현관

붙박이장

안방

드레스룸

현관

세탁실

Master Bedroom

튀어나온 벽면으로 가구 배치가 애매했던
안방의 경우, 벽의 요철 부분을 침대 헤드
로 가려 정리하고 침대 좌우로 화장대와
미니 서재를 배치해 공간을 한층 안정적
으로 구성했다. 오픈행거 타입으로 활용
도가 낮았던 안방 드레스룸도 기존의 가
구를 모두 털어내고 벽면을 따라 붙박이
장을 설치, 중앙에 아일랜드 서랍장을 놓
아 수납뿐 아니라 동선의 편리함까지 해
결했다.

Bathroom

안방 욕실은 편의를 고려해 구조
변경이 이뤄졌다. 세면대를 사이
에 두고 비효율적으로 떨어져 있
던 샤워 공간과 욕조 공간을 하나
의 부스 안에 넣고 조적 파티션으
로 고급스러움을 강조한 덕에 만
족도는 배가 됐다.

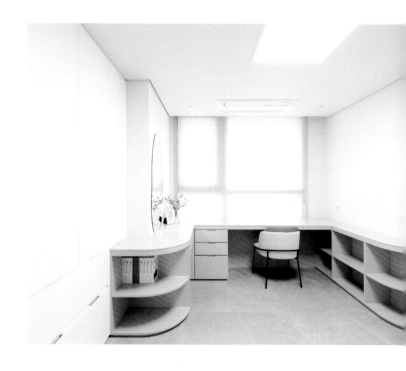

Laundry Room

복도의 붙박이장을 세탁실로 개조, 세탁기와 건
조기를 직렬로 설치하고 ㄱ자로 선반을 제작해,
세탁과 청소 관련 물품 수납까지 해결했다. 여기
에 폴딩도어를 달아 더욱 사용이 편리해졌다.

Space Point

홈바의 슬라이딩 도어

모던한 스타일의 깔끔한 주방을 원한다면, 홈바에 슬라이딩 도어를 달아보는 것도 좋은 방법이다. 선반에 먼지도 덜 끼고 매번 선반 정리에 신경을 쓰지 않아도 되니 편리하다.

인조대리석 붙박이 벤치

조리대 옆 벽면을 활용해 붙박이 벤치를 제작, 그 앞으로 테이블을 두니 자연스레 다이닝 공간이 완성된다. 벤치에는 2~3인이 앉을 수 있어 공간 활용에 탁월하다.

공간활용 200% 히든 책장

옷장 안에 책장을 매립한 형태로 하단에 바퀴가 달려 있어 손잡이를 당기면 손쉽게 책장을 꺼낼 수 있다. 좁은 공간 활용 뿐 아니라 깔끔한 수납도 가능하니 일석이조다.

12

고재와 원목으로 완성한 고요한 휴식처

IT MAKES ME RELAXED

Interior Source

대지위치 서울시 서초구
거주인원 4명(부부+자녀2)
건축면적 116㎡(35평)
내부마감재 벽-벤자민무어 친환경 도장
/ 바닥-포세린타일
욕실 및 주방 타일 윤현상재 수입타일
수전 등 욕실기기 아메리칸스탠다드
주방 가구 비앤제이디자인(무늬목도어,
PET도어), 원목제작가구(오크), 블럼
하드웨어
조명 3인치 COB매입조명+간접조명,
secto4201 Pendant(식탁등)
스위치 및 콘센트 융, 르그랑
중문 금속제작(사틴유리)
거실섀시 덧창ㆍ주방창 오크원목
간살도어(한지 마감)
방문 제작(무늬목), 가와준 손잡이
붙박이장 제작가구 비앤제이디자인
시공 및 설계 로멘토디자인스튜디오
Direction_김형신, Space_조예나,
최재영 031-378-2367
www.romentordesign.com
사진 레이리터

오래 정착할 집을 리모델링한다는 건 설레는 일이지만, 막상 현실로 옮기려 들면 주저하게 될 때가 있다. 오랜 시간 꿈꿔온 공간이더라도, 금세 질릴까 혹은 불편하진 않을까, 이런저런 고민으로 말이다. 그렇기에 오랜 고민과 전문가와의 충분한 상담이 필요하며, 그 과정을 거친 후에야 비로소 흡족한 공간이 완성됨은 진리이기도 하다.

차분하고 편안하면서도 낯선 설렘을 담고 있는 집. 이 집을 완성하며 부부는 인생의 중대한 숙제 하나를 무사히 마친 것 같다 했다. 숙제를 완수하기 위한 시간 동안 원하는 공간을 현실화하는 방법을 배웠고 좋은 인연도 만났다. 또 공간을 덜어낸 끝에 더 나은 결과물이 탄생하는 순간도 경험했다. 여러 포트폴리오를 꼼꼼히 검토하며 업체 선정에 까다로웠던 부부는 업체를 선택한 후에도 모든 걸 맡기기보단 함께 참여하길 원했고, 디자인 미팅을 비롯해 시장조사에도 동행을 자처했다. 마치 숙제를 순서대로 해치우듯 공사 과정마다 빠짐없이 함께했다. 잠시 머물 집이 아닌, 아이의 학창 시절을 보내며 오랫동안 정착할 곳이기에 더욱 심혈을 기울여 관심을 쏟았다. 기존의 집 상태도 나쁘진 않았지만, 전체적으로 손보기로 한 이유도 그래서다.

부부는 일본의 료칸 감성을 담아낸 고요한 휴양지 같은 공간을 원했다. 일본을 여행하며 느꼈던 평온했던 감정들을 집에서도 고스란히 느낄 수 있도록. 고재와 원목의 느낌을 최대한 살려 심플하고 차분하게 디자인한 공간은 혼잡한 일상에서 벗어나 고요한 아늑함을 선사한다. 하지만 이러한 요소들이 제대로 빛을 발하기 위해서는 더하기보다 덜어내는 작업이 필요했다. 다양한 꾸밈을 지양한 간결하고 단순화된 공간 연출, 꼭 필요한 것들로만 꾸며진 덕분에 어느 장소에 머물건 여백의 멋이 느껴진다. 또한 집에서의 시간이 곧 휴식이 될 수 있도록 디밍 기능이 있는 간접등과 조도 조절이 가능한 조광기를 설치, 어디에서나 편안함이 느껴진다.

오래오래 머무를 집이기에 편안하면서도 특별한 매력이 있는 곳이길 바라며, 비워내고 덜어내니 고요함이 찾아왔다. 많이 고민했던 만큼 생각했던 것 이상으로 만족스럽다. 원목 창에서 흘러나오는 은은한 불빛은 지인들과의 저녁 시간을 더욱 특별하게 만들어주고, 주어진 과제를 무사히 마쳤다는 안도감이 들게 한다.

Living Room & Dining Room

전통적인 료칸의 디자인은 무늬목으로 고재 느낌을 살린 현관에서부터 시작해 거실과 주방의 원목간살 창문에서 극대화된다. 일본의 전통 종이문을 본떠 제작한 원목간살 창문은 자연광을 부드럽게 해주는 요소로 아늑한 분위기를 한층 고조시켜준다. 여기에 석재와 목재 등 자연적인 물성의 재료들과 천연 소재의 가구를 배치해 전체적으로 일관성 있고 고요한 분위기를 유지하기 위해 신경 썼다.

Kitchen

주방이야말로 가족들 혹은 지인들과 가장 오랜 시간을 보낼 중요한 장소이기에 발코니 확장을 비롯해 대대적인 구조 변경이 요구됐다. 입구를 가로막고 있던 조리대와 싱크대를 안쪽으로 배치하는 대신, 그 공간에 커다란 다이닝 테이블과 홈바를 시공해 공간이 한층 넓게 느껴지도록 했다. 다이닝 공간은 오픈되어 있지만, 주방공간은 뒤쪽으로 가려져 있는 구조. 일자형의 기다란 주방이 단아함을 준다. 테이블 뒤로는 원목으로 페이크 윈도우를 제작, 그 안에 간접조명을 설치해 따뜻한 무드를 완성했다.

Master Bedroom

안방에는 반신욕을 즐기는 부부만을 위한 공간이 마련됐
다. 안방의 욕실 구조를 변경, 세면대를 외부로 배치하고
그 자리에 커다란 욕조를 제작해 언제든지 넓은 욕조에서
반신욕을 즐기며 하루의 피로를 풀 수 있다.

Space Point

고재 스타일의 무늬목 도어

고재로 모든 문을 제작하면 비용도 많이 들지만, 자칫 너무 올드하게 느껴질 수 있다. 고재 스타일의 무늬목을 이용해 심플하면서도 묵직함이 느껴지는 분위기를 살려냈다.

휘어질 걱정 없는, 원목간살 덧창

한지로는 나무의 휨이나 틀어짐을 잡을 수 없어 유리와 아크릴 소재를 이용해 튼튼한 덧창을 완성했다. 슬라이딩 방식으로 모두 한쪽으로 밀어 놓을 수 있다.

다이닝 테이블 벤치 수납공간

ㄱ자로 심플하게 제작된 벤치 하단에 수납이 가능하도록 수납 공간을 마련했다. 꽤 넉넉한 너비로 제작돼 점점 늘어나는 살림살이들을 걱정 없이 보관할 수 있다.

13

사계절이 파노라마처럼 펼쳐지는 곳

WAY TO FEEL REFRESHED

Interior Source

대지위치 경기도 양평군

거주인원 4명(부부+자녀2)

건축면적 1층 147.67m²(44.67평), 2층
48.28m²(14.60평)

내부마감재 벽-벤자민무어 친환경 도장
/ 마루-방(지복득마루 원목마루), 방
제외 모든 실(포세린타일)

욕실 및 주방 타일 2층 주방-대제타일
수입 포세린 타일

수전 등 욕실기기 주방 싱크수전-
콰드로 / 그 외 욕실-중국 oem수입

주방 가구 제작(키큰장-페트 도어
/ 아일랜드-토탈석재 대리석), 블룸
하드웨어

조명 2층 빈티지 스탠드조명-
원오디너리맨션

스위치 및 콘센트 거실스위치,
콘센트-융 / 그 외-르그랑

중문 2연동 포켓도어-위드지스(현관)

파티션 알루미늄프레임
사틴유리파티션-위드지스 (거실)

방문 제작(도장 도어), 모티스 도어락

붙박이장 자체제작 가구

시공 및 설계 817디자인스페이스

⊙ 817designspace_director

사진 진성기(쏘울그래프)

어떤 곳에서 살고 싶은지, 어떻게 살길 원하는지. 예산도 평수도 아닌, 소소한 대화로 시작해 삶의 방식을 나누며 도출된 결과물로 완성된 집. 자연을 품은 조용한 대지 위에 앉혀진 주택은 차분하면서도 시원시원한 구조로 하늘과 구름 그리고 햇살을 고스란히 담아낸다. 부모님과 함께 평온하고 한적한 곳에서 살길 원했던 건축주. 대지는 산으로 에워싸여 있는 형태였기에 어느 곳에 머물건 최고의 조망을 얻을 수 있는 조건이었다. 우선 자연을 고스란히 누리기 위해 건물 정면으로는 넓은 마당을 두고 뒤쪽은 메인 진입 동선으로 주차장과 현관을 배치했다.

거동이 불편하신 어머니를 위해 주 활동 공간은 1층에 두되, 각 실마다 여유로운 공간 배치로 답답함이 없도록 했다. 실내는 현관을 중심으로 거실, 주방 및 다이닝 공간과 부모님의 방으로 분리되는 구조다. 1층의 중심은 거실과 주방. 특히 요리와 파티를 즐기는 가족을 위해 거실과 다이닝룸, 주방이 이어진 LDK 구조를 적극 활용, 주방부터 거실 벽면까지 넓은 공간을 하나의 룸처럼 활용할 수 있도록 했다. 덕분에 주방은 요리를 준비하면서도 거실에 있는 이들과 끝없는 대화가 오가는 행복한 장소가 되었다. 무엇보다 근사한 건 주택을 ㄷ자로 감싸, 밝고 탁 트인 개방감을 선사하는 파노라마 뷰다. 액자처럼 아름다운 전망을 담아내는 커다란 창문 프레임 덕에 외부 환경의 변화를 고스란히 느낄 수 있다. 현관 바로 옆에 위치한 부모님의 방은 드레스룸, 욕실 그리고 침실 이렇게 세 갈래로 나누어져 있어 동선이 편리하다. 방문을 열면 정면으로 숲을 담아내고 있는 커다란 창과 마주하게 되는데, 덕분에 방으로 들어설 때마다 항상 청량감이 돈다.

2층은 프라이빗하면서도 건축주의 취향이 담긴 장소다. 넓은 발코니와 홈바가 있는 미니 거실, 침실과 욕실을 갖춘 곳으로 가장 사적인 영역이라고 볼 수 있다. 건축주 개인을 위한 재충전 공간으로 장식적 요소를 배제하고 차분하게 완성했다. 바람 좋고 볕 좋은 날이면 야외 테이블에 앉아 콧노래 부르며 일해도 좋을 것 같은 곳. 부모님의 노후를 위한 전원행이었지만, 건축주의 생각과 삶의 방식이 투영된 공간은 가족 모두를 행복하게 만들었다. 삶에 있어 중요하게 생각하는 부분이 있다면, 그것에 집중하는 것. 그것이야말로 행복한 집을 완성하기 위한 기본이 아닐까.

Living Room

전체적으로 오프화이트로 미니멀한 색감으로 연출하되, 대리석으로 마감한 아일랜드와 카멜 컬러의 가구를 활용해 공간에 포인트를 주었다. 산이 에워싸고 있는 대지를 최대한 활용하고자, 1층 전면 창을 코너를 돌며 대칭으로 배치, ㄷ자로 외부 조경을 품는 주택이 완성됐다.

Kitchen & Dining Room

주방의 키큰장 뒤로는 보조주방을 설계, 파노라마 창을 통해 스며드는 햇살 덕분에 좁은 공간이지만 답답함이 없다. 다이닝 공간에는 모던한 라인이 돋보이는 넓은 화이트 테이블과 블랙 컬러의 의자를 배치했다. 이곳에서 가족들은 매일 아침 모여 시간을 보내고, 주말에는 지인들을 초대해 함께한다.

Master Bedroom

현관 좌측 슬라이딩 도어를 열면 세탁기가 놓인 드레스룸, 건식형 욕실, 침실로 구성된 부모님 방이 나온다. 욕실로 향하는 복도에 커다란 창이 있어 매일 아침 그림 같은 장면이 연출된다. 침실은 코너에 설치된 통창 덕분에 방 안 가득 청량감이 돈다. 추운 겨울을 대비해 로이삼중유리를 시공, 단열도 꼼꼼하게 신경썼다.

Upstairs _ Living Room & Bedroom

2층은 딸을 위한 프라이빗한 장소로 미니 거실과 침실, 드레스룸과 욕실로 분리된다. 거실은 원목으로 따스
하게 연출하면서도 디자인 가구들로 포인트를 줘 친구들과 가벼운 파티를 즐기며 시간을 보낼 수 있도록 꾸
며졌다. 2층의 전 구역은 외부 발코니와 연결되어 어디에서나 탁 트인 전경을 감상할 수 있는데, 특히 커다란
창과 이어진 욕조는 힐링을 선사하는 가장 애정하는 공간이 되었다.

1F

2F

Space Point

유압 경첩 히든 도어
창고문을 히든 도어로 제작, 푸시 타입으로 외부에 손잡이가 없기 때문에 스스로 문이 자연스레 닫히도록 유압 경첩을 사용했다.

홈바가 있는 2층 거실
와인 보관장과 조리대를 갖춘 2층 미니 거실. 조리대의 하단부를 띄워 좁은 공간이 한층 넓어 보이는 효과를 주었다.

불투명 유리 벽으로 시선 차단
불투명 유리 벽을 시공, 현관에 들어서자마자 거실이 드러나지 않도록 하면서 시야의 답답함을 줄이고 채광까지 해결했다.

14

아이 둘 집의
미니멀 인테리어 비법

HOW TO MAKE USE OF
A LIMITED SPACE

Interior Source

대지위치 대전시 유성구

거주인원 4명(부부+아이2)

건축면적 191.7m²(54평형)

내부마감재 벽-실크도배, 부분 던에드워드 페인트 마감 / 마루-
지복득 원목마루

욕실 및 주방 타일 윤현상재 수입타일, TNP 수입타일

수전 등 욕실기기 아메리칸스탠다드, 그로헤

주방 가구 제작가구(리빙온), 도장도어, 메라톤도어(아일랜드),
블럼 하드웨어, 칸스톤 상판, 그로헤 민타수전, 팔맥 스텔라후드,
밀레 식기세척기, 메라톤 도어, 칸스톤 윈터워킹

조명 국산 매입조명, 거실 벽등(세르즈무이), 안방 벽등(NEMO)

스위치 및 콘센트 르그랑 아테오, 융

방문 인테리어필름 마감

붙박이장 제작가구

시공 및 설계 루크디자인 이은주 실장 010-5880-6453

 luk_design_

사진 진성기(쏘울그래프)

아파트에서 신혼살림을 시작한 부부. 첫째 아이를 낳아 키우며 집이 점차 좁아짐을 느끼는 와중에 둘째를 임신하게 되었고 조금 더 넓고 쾌적한 집을 찾아 이사를 결심했다. 부부는 오래 거주할 집이 되길 바라며 공사를 의뢰했다. 인테리어는 최대한 간결하게 특히 주방의 동선이 복잡하지 않고 시원하길 바랐다. 곧 태어날 아이를 위해 넉넉한 수납장들도 필요했다. 우선 온 가족이 사용하는 거실을 넓고 차분한 분위기로 연출하기 위해 자재부터 소품까지 화이트와 우드, 그레이의 톤온톤 배색을 택했다. 천장에는 간접 조명을 매립해 개방감을 살리면서 깔끔한 공간을 완성했다. 주방은 평수에 비해 너무 협소했기에 구조 변경이 진행됐다. 덩치가 커서 공간을 많이 차지하는 냉장고는 보조 주방으로 옮기고 중앙에 아일랜드를 배치해 수납과 조리공간을 확보했다. 싱크볼이 있는 주방가구에는 김치냉장고와 식기세척기 등 빌트인 가전을 활용해 미니멀한 디자인으로 연출했다. 철거가 불가능했던 주방의 기둥은 가벽형 수납장으로 활용, 덕분에 공간이 한층 입체적으로 완성됐다.

앞으로 늘어날 살림살이들을 대비한 수납공간은 주방 외에도 곳곳에 설계되었다. 집의 면적에 비해 수납공간이 적은 편이라 물건을 보관할 공간을 확보하는 것이 중요했다. 현관에 들어서면 좌측으로 길게 복도가 이어지는데, 이 복도의 벽면을 모두 수납장으로 제작, 복도 끝까지 연결된 수납장 덕분에 다양한 수납이 가능하다. 여기에 게스트룸 안쪽으로 계절 옷을 보관할 수 있는 붙박이장과 창고까지 계획해 짐이 늘어나도 걱정할 일이 없다. 어린아이들을 키우려면 넉넉한 수납은 필수기에 여기저기 곳곳이 숨은 수납장 천지다.

수납장이 많은 관계로 내부는 대부분 깔끔한 화이트 자재로 마감했지만, 공간에 강약을 조절하듯 주방의 아일랜드나 욕실의 세면대 등 부분적으로는 다른 소재와 컬러로 마감해 밋밋함을 덜어냈다. 차분함을 바탕으로 곳곳에 포인트 요소들로 재미를 준 집. 심플하면서도 온기가 서린 이 집에는 간결함과 더불어 편리한 요소들이 층층이 숨어 있다.

Bathroom

요소를 최소화하면서 라인을 중시한
심플한 공간. 실용적인 기능을 중요
하게 생각하며 계획됐다. 거실 욕실
은 간단히 손을 닦는 용도로 사용하
기에 샤워부스를 없애고 그 자리에
탑볼 세면대를 제작해 감각적으로
디자인했다.

Kitchen

아일랜드를 11자 구조로 배치해 조리 공간을 최대한으로 넓혔다. 아일랜드 좌우로 넉넉한 수납장이 마련되어 있어 주방살림을 보관하기에도 편리하다. ㅁ자형으로 구성된 싱크볼 가구에는 빌트인 김치냉장고와 식기세척기가 매립되어 있다.

BEFORE

AFTER

Master Bedroom

안방은 두 아이와 부부가 함께 자는 공간으로 퀸사이즈의 침대 두 개를 붙여 단촐하게 구성했다. 침실 안쪽으로는 드레스룸과 욕실이 이어지는 구조. 모든 문은 화이트 컬러의 슬라이딩 도어로 제작, 거실과 주방에서 봤을 때 공간이 한층 심플해 보인다.

Guest Room

복도의 끝 방에는 계절 지난 옷을 수납할 수 있는 붙박이장과 창고를 계획하고 창가로는 손님용 침대
를 둬 게스트룸으로도 활용 중이다.

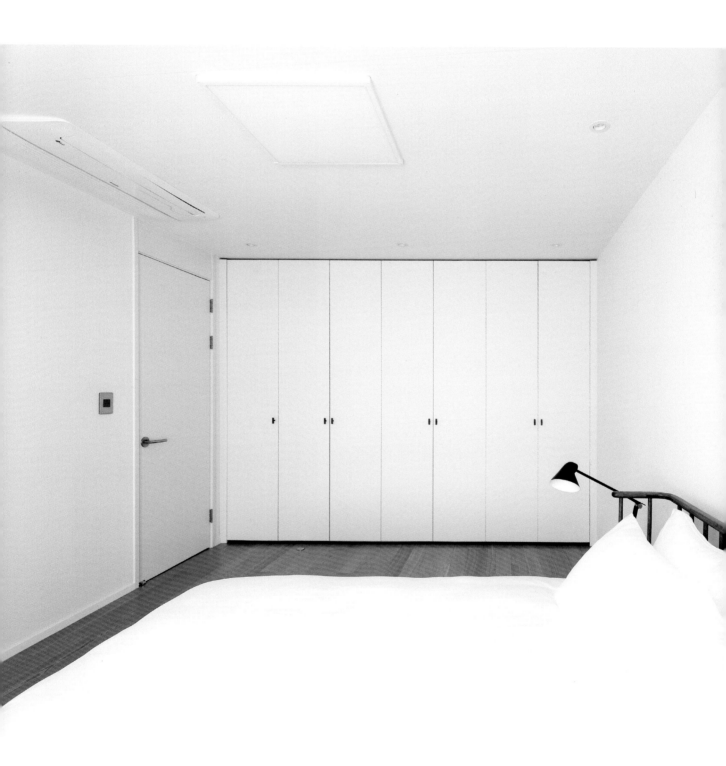

170

Hall Way

현관의 신발장에서부터 게스트룸으로 향하는 복도 벽면이 모두 수납장으로 제작됐다. 기존의 조적 벽체를 철거하고 그 자리에 수납공간을 만든 것. 벽면과 같은 화이트 컬러로 마감해 좁은 공간이지만 답답함이 느껴지지 않는다.

Kids Room

아직 어린 자녀들을 위해 침실 2개를 합쳐 놀이방으로 개조했다. 아이들의 책과 장난감을 보관할 수 있는 책장과 옷, 이불 등을 보관할 수 있는 붙박이장도 별도로 제작해 아이들이 저학년 때까지는 충분히 사용할 수 있다. 거실과의 접근성과 공간 활용을 위해 슬라이딩 도어를 선택했다.

Space Point

슬라이딩 도어
주방과 다이닝룸 사이, 침실로 향하는 문을 화이트 컬러의 슬라이딩 도어로 제작, 마치 벽면인 것처럼 감쪽같다.

오픈형 가벽 수납장
주방의 부족한 수납공간을 해결하기 위해 철거가 불가능한 기둥을 활용, 가벽형 수납장을 만들었다. 중앙을 뚫어둔 덕에 구멍으로 엿보는 공간이 재미있다.

15

클래식 라인에 모던함을 더하다

MODERN NEOCLASSICAL INTERIOR STYLE

Interior Source

대지위치 서울시 강남구

거주인원 4명(부부+자녀2)

건축면적 327m²(101평)

내부마감재 벽, 천장-던에드워드

친환경 도장 / 마루-원목마루 /

도어-건식무늬목도어

욕실 및 주방 타일 두오모, 윤현상재

수입타일, 세라믹타일

수전 등 욕실기기 콜러, QUADRO,

CRESTIAL

주방 가구 몰테니앤씨 dada

수입주방가구

조명 moooi Meshmatics

스위치 및 콘센트 융

중문 금속 슬라이딩 도어

방문 제작(무늬목 도어),

제작(도장도어), 모티스 도어락

붙박이장 드레스룸-몰테니앤씨

수입가구, 자체제작가구

설계 및 감리 제이곱디자인 정수진 실장

www.j2gob.design

사진 진성기(쏘울그래프)

모던한 공간을 지루하지 않게 꾸며주는 네오 클래식에 집중한 집. 부부와 두 자녀가 거주하는 곳으로 클래식한 디테일을 모티프로 현대적인 색상과 디자인을 더해 공간을 완성했다. 부부는 과하지 않은 화려함, 클래식 라인에 모던함을 가미하되 로맨틱한 스타일까지 담아내길 원했다. 또 모든 공간이 같은 스타일로 연출되기보단 조금씩 다른 콘셉트로 개성있게 분리되길 바랐다. 그리고 모든 문은 슬라이딩 포켓도어로 설계, 독립적인 공간이지만 서로 연결된 느낌으로 설계되길 요구했다. 정수진 디자이너는 주상복합의 특성상 일반 아파트에 비해 자유로운 내부 구성이 가능한 점을 활용, 공간마다 부부의 니즈를 녹여내는데 중점을 두었다.

거실을 중심으로 부부와 자녀들의 공간이 분리되면서도 연계성을 갖도록 하는 것이 관건이었다. 그러기 위해서는 두 공간의 사뭇 다른 분위기가 거실에서 자연스레 이어지도록 해야만 했다. 우선 부부를 위한 공간은 서재와 침실, 욕실과 드레스룸으로 배치됐다. 넓은 공간을 효율적으로 분할, 꼭 필요한 것들로 구성하되 충분히 넉넉한 면적을 할애해 어느 곳에 머물 건 여유롭다. 특히 침실과 욕실 공간을 줄여 한층 넓어진 드레스룸은 룸 안에 또 다른 룸이 있어 용도에 따라 분리 수납이 가능하도록 했다. 서재와 침실은 매끈하게 도장한 벽면에 프렌치 스타일의 침대와 소파를 포인트로 두고 도어와 걸레받이에 클래식한 무드를 더하는 방식으로 고급스러움을 완성했다.

부부의 공간과는 달리 아이들의 공간은 유니크하고 발랄한 분위기로 연출했다. 이 공간은 스타일링에 집중하기보단 넉넉한 수납장과 효율적인 공간 배치 등에 주력했다. 스터디룸을 중심으로 두 개의 침실과 욕실이 놓여 있는 구조. 부부는 아이들의 공간이 독립되면서도 연결되기를 원했던 터라, 침실 사이에 연결 혹은 분리가 가능한 포켓 도어를 설계했다. 또 매번 등교 준비를 함께 할 아이들을 위해 욕실 외부에 두 개의 세면대를 나란히 배치, 바쁜 아침 시간에도 문제없다.

이렇게 콘셉트가 다른 부부와 자녀의 공간은 거실을 통해 이어지게 된다. 심플한 아트월과 무늬목 도어, 웨인스코팅과 클래식 도장 도어로 두 공간의 분위기를 모두 담아내는데 주력, 전체적인 균형을 잡는 동시에 두 공간이 자연스레 이어지도록 했다.

Living Room

웨인스코팅과 클래식 도장 도어에 모던한 스타일의 아트월과 무늬
목 도어가 공존하는 거실. 심플한 스타일을 완성하기 위해 벽 안쪽
으로 스피커와 TV의 전기 배선을 매립 설치하는 등 섬세한 설계에
집중했다.

Kitchen

주방은 독립적인 공간으로 구성하기 위해 중문을 달아두었다. 네오클래식으로 표현된 거실과는 달리 자재가 주는 질감의 텍스처를 그대로 살려 기품 있고 무게감이 있는 클래식 스타일로 연출했다. 한쪽 벽면으로 빌트인 냉장고와 와인장, 수납장, 팬트리를 일렬로 배치, 짙은 컬러의 무늬목으로 마감해 차분한 분위기가 돋보인다.

Master Bedroom

서재와 침실, 드레스룸과 욕실로 구성된 부부의 공간은 화이트로 도장한 심플한 공간에 프렌치 스타일의 가구를 포인트로 문과 걸레받이에만 클래식함을 가미, 지나치게 화려하지 않은 고급스러움이 느껴진다. 드레스룸은 공간 속의 공간 콘셉트로 설계돼 수납 물품과 용도에 따라 분리 수납이 가능해 효율적이다.

BEFORE

AFTER

Bathroom

화이트 골드로 화려함을 입힌 욕실의 스타일링이 눈에 띈다. 넉넉한 하부 수납장과 어우러진 콜러(KOHLER) 수전과 액세서리 그리고 디자인이 돋보이는 제작 거울 등에서 남다른 안목이 느껴진다. 특히 발코니 공간을 확장해 환상적인 뷰를 자랑하는 욕조 공간은 여느 고급 호텔이 부럽지 않을 정도다.

Kids Room

아이들 공간은 스터디룸을 중심으로 두 개
의 침실과 욕실이 있는 구조. 스터디룸은 아
이들의 미니 거실처럼 활용되며, 두 개의 침
실은 각각 독립된 공간이지만 언제든지 연
결될 수 있도록 침실 사이 포켓도어를 설치
해두었다. 아이들을 위한 전용 욕실은 아침
등교 시간, 자녀들이 사이좋게 사용할 수 있
도록 두 개의 세면대를 나란히 제작했다.

Space Point

깊은 현관장을 인출장으로 설계

평수에 비해 유독 작은 현관의 수납력을 위해 의미 없이 깊은 현관장을 인출장으로 설계, 수납 효율을 높였다.

다용도실 도어의 디자인 연결

현관 입구 쪽으로 배치되어 있는 다용도실의 도어를 현관장과 같은 스타일로 디자인해 이질감 없이 전체적으로 조화롭다.

네오 클래식 스타일의 도장 도어

각진 몰딩으로 클래식한 디자인에 모던하고 현대적인 감각을 더한 웨인스코팅 도장도어는 그 자체만으로도 훌륭한 아이템이다.

16

선택과 집중의 리노베이션

MODERN & SIMPLE

대지위치 서울시 용산구

거주인원 4명(부부+자녀2)

건축면적 175m²(52.93평)

내부마감재 벽-친환경 스페셜 페인트, 영국제 아모르코트(공용부),
국산 실크벽지(방) / 바닥-마지오레 Plank Oak 190×1,900×15T
수입 원목마루

욕실 및 주방 타일 상아타일(수입)

수전 등 욕실기기 아메리칸스탠다드

주방 가구 제작 가구(PET+오크 무늬목 박스)

조명 식탁 펜던트 조명-스페이스 로직(here comes the sun
pendant white) / 거실 스탠드 조명-세르주 무이(Serge Mouille)
스탠드 조명

방문 도장 도어

붙박이장 제작(화이트 도장)

거실 소파 무토(Muuto) 아웃라인 소파

암체어 소홈 레만 안락의자

식탁 무토 베이스 테이블 화이트

콘솔 USM

설계·시공 디자인에이쓰리 02-2652-7171 www.a3design.co.kr

사진 이재상(770스튜디오)

초등학생 두 자녀를 둔 40대 부부는 이사를 준비하며 가족의 라이프스타일에 맞는 리모델링을 염두에 두고 인테리어 회사를 찾았다. 집은 지은 지 10년이 안 된 건물로 손 볼 곳이 많진 않았지만, 빛바랜 무늬목과 애매한 위치의 중문, 공용부의 짙은 대리석 마감은 정돈되지 않은 답답한 느낌이라 변화가 요구되는 상황이었다.

먼저 집의 기본 바탕을 단정하게 정돈하는 것이 우선이었다. 부부가 미리 구입한 가구와 소품이 집 안에서 어우러짐과 동시에 돋보일 수 있게끔 컬러 사용은 최대한 배제했다. 덕분에 현관문을 여는 순간부터 군더더기 없는 깔끔한 분위기를 고스란히 느낄 수 있다.

넓은 현관은 기존 대리석 바닥재에 맞춰 벽과 천장을 동일한 컬러로 통일하고, 시야를 답답하게 했던 중문을 철거해 탁 트인 공간을 마련했다. 집으로 들어서 가장 먼저 마주하는 건 긴 복도다. 자칫 밋밋해 보일 수 있는 장소인 만큼 포인트가 되는 몇 가지 소품을 놓아 장식적인 효과를 더해주었다. 벽을 따라 발걸음을 옮기다 보면 이 집의 중심 공간, 거실과 만난다. 영국산 아모르코트로 은은하고 고급스러운 텍스처를 구현한 화이트톤의 벽부터 광폭의 천연 오크 원목마루와 그레이 컬러의 소파, 카멜 컬러의 체어, 나뭇결이 살아 있는 낮은 테이블에 이르기까지 자연스럽게 흐르는 톤 앤 매너의 조합은 꾸미지 않은 듯한 멋을 낸다.

거실과 이어진 주방 및 다이닝 공간 또한 전체 마감재 컬러의 반복으로 다른 실들과 조화로운 모습을 보여준다. 특히 안방은 이 집에서 유일하게 구조를 변경한 곳으로, 공간 효율이 떨어졌던 길쭉한 모양의 서재와 'ㄱ'자로 꺾인 벽체로 인해 가구 배치가 적절하지 않았던 침실의 위치를 바꿔 용도에 맞게 두 공간을 재구성하였다. 버릴 것과 살릴 것을 꼼꼼하게 선별해 기존 틀을 최대한 유지하되, 만족도를 높여야 할 부분엔 과감하게 예산을 투자한 프로젝트. 디자인과 기능, 비용까지 모든 면에서 균형을 이룬 성공적인 케이스다.

Entrance

기존 바닥인 화이트 대리석을 유지하면서 전체 마감재를 화이트 컬러로 통일, 중문을 없애 밝고 쾌적한 현관을 완성했다. 각 방으로 연결되는 복도 역시 현관과 같이 화이트 톤으로 통일해 화사한 기운이 전해진다.

Kitchen

주방은 기존 상부장을 활용하고 사선형 벽체를 이용해 수납장을 짜는 등 실용성 위주의 공간으로 설계했다.
오크우드, 화이트, 카멜 등 전체적인 마감재 컬러가 반복되는 조화로움을 보여준다.

BEFORE

AFTER

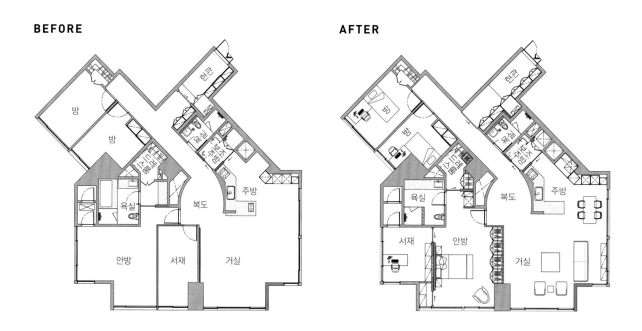

Space Point

완벽한 TV 매립

TV를 둘 거실 벽면 뒤로 전선과 셋톱박스, 와이파이 기기 등을 깔끔하게 숨겼다. 2T의 얇은 선반 역시 매립한 것.

호텔 룸 같은 침실

침대 옆 융(JUNG) 콘트롤 시스템은 콘센트, USB 기능 외 블루투스 오디오, 알람, 조명 ON&OFF, 전동 커튼 스위치까지 제어한다.

사선형 벽체 활용

양쪽 사선형 벽체를 수납장으로 활용했다. 벽체 2곳이 만나는 가운데 부분은 오크 무늬목으로 마감해 바닥재와 조화를 이뤘다.

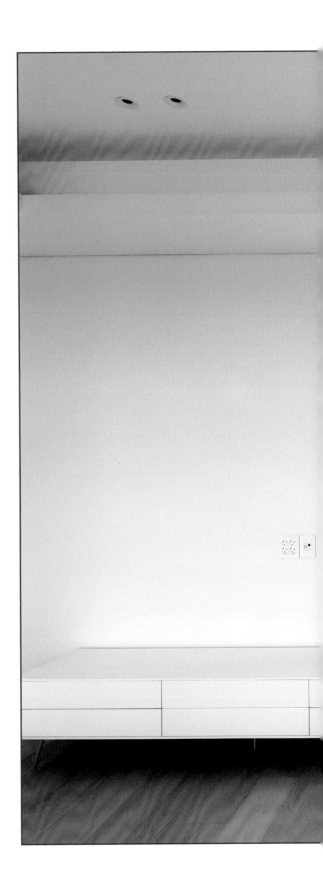

(17)

호텔 부럽지 않은
가족의 집

—

HOTEL IN THE HOUSE

Interior Source

대지위치 경기도 광주시

건물규모 지상 4층

거주인원 3명(부부+자녀1)

건축면적 72.1m²(21.81평)

연면적 197.35m²(59.69평)

창호재 LG하우시스 수퍼세이브5 이중창호 250㎜

내부마감재 벽-던 에드워드 친환경 페인트, 실크 벽지 / 바닥-

지복득 마루(원목마루), 포세린 타일

욕실 및 주방 타일 포세린 타일, 모자이크 타일, 이날코(세라믹)

수전 등 욕실기기 아메리칸스탠다드, 더죤테크

주방 가구 명보디자인가구, Mehling & Eiesman

조명 마만타(라이팅구), 드콜렉트, &TRADITION, 포시즌

계단재·난간 지복득 마루(원목마루), 화이트오크 원목

코너대(제작)+강화유리 난간

현관문 성우스타게이트

중문 금속자재+도장 마감+모루유리

붙박이장 명보디자인가구

시공 SG주택건설

설계 소명공간 010-4849-7141 blog.naver.com/

somyung_gonggan

사진 진성기(쏘울그래프)

경기도 광주 삼동, 숲세권을 확보한 전원주택 단지에 아이가 있는 가족을 위한 맞춤형 하우스가 있다. 전체적인 공간과 인테리어 콘셉트는 'HOTEL IN THE HOUSE', 호텔에서만 볼 수 있었던 구조를 집 안에서도 느낄 수 있도록 구성한 것이 특징이다.

주택은 옥상의 외부 테라스 공간까지 포함해 총 4층으로 설계되었다. 1층은 호텔 라운지처럼 가족은 물론 손님을 맞이하기 좋은 넓은 거실과 주방으로 구성했다. 따로 방을 두지 않고 머물기 좋은 공간으로 연출했으며, 거실 한 편에 큰 창을 내 정원으로의 출입이 편리하도록 했다. 주방은 거실과 이어진 대면형 주방인 LDK 구조로 오픈된 공간을 통해 탁 트인 개방감을 얻게 됐다.

유리 난간으로 돌린 'ㅁ'자형 계단을 올라 도착한 2층에는 안방과 세탁실이 자리한다. 안방에는 부부 침실과 드레스룸, 그리고 욕실을 한 공간에 배치해 효율적인 동선을 구축했다. 주방의 월넛 훈증 무늬는 부부 침실과 드레스룸에서도 연장되는데, 조금 더 밝은 톤의 우드 컬러를 사용해 너무 무겁지 않도록 세심하게 배려했다. 3층은 자녀들을 위한 공간으로 계획했다. 나란히 배치된 2개의 방은 마치 호텔 객실 같은 공간으로 설계됐다. 4층으로 올라가는 계단실 밑 보이드 공간에는 큰 창이 있는 윈도우 시트를 마련해 호텔의 미니 라운지 같은 느낌을 냈다. 개인 공간은 객실처럼 사적으로 사용하되, 이곳에선 아이들이 함께 어울릴 수 있도록 마련한 공간이다. 제일 위층인 4층은 가장 고민한 공간이다. 엘리베이터가 없어 소외되기 쉽기에 사용 목적이 명확한 공간으로 만드는데 주안점을 두었다. 우선 외부 테라스를 품은 곳이니만큼 오픈된 세컨드 주방을 배치했다. 홈파티 장소로 활용할 수 있도록 세련된 호텔식 구성과 인테리어로 고급스러운 미를 강조한 것. 그리하여 집에서도 호캉스를 누릴 수 있는, 홈캉스 맞춤형 하우스가 탄생했다.

Kitchen

대면형으로 설계한 주방의 모습. 주방 가구는 화이트 벽면과는 대조되는 묵직한 다크 우드 컬러의 월넛 훈증
무늬를 사용해 고급스럽고 기품 있는 분위기를 더했다. 독일산 월넛 훈증 무늬목이 공간의 무게를 잡아주며
고급스러움을 배가한다. 주방 옆 슬라이딩 도어를 열면 보조주방과 연결된다.

Master Bedroom

부부를 위한 공간으로 연출된 2층엔 세탁실과 안방이 배치되어 있다. 고급 호텔에 온 것 같은 부부 침실 창가
에는 아늑한 윈도우시트 공간을 제공, 다용도로 사용이 가능하다. 안방의 욕실은 대리석 소재를 사용해 고급
스러움을 더하고 좌측에는 욕조와 샤워부스를, 우측에는 세면대와 변기를 두어 공간을 나누었다.

1 F

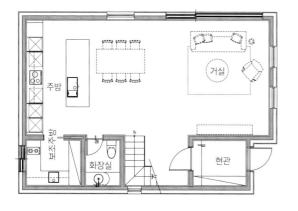

2 F

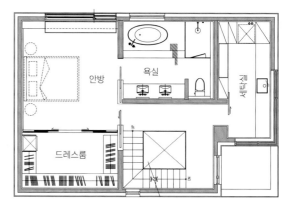

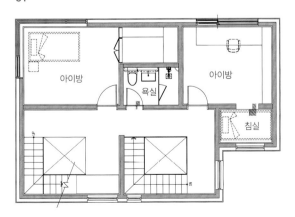

아이방

욕실

아이방

침실

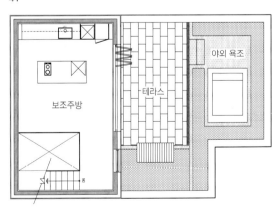

보조주방

테라스

야외 욕조

4 Floor Home Bar

홈바 형식으로 맞춘 4층의 세컨드 주방은 블랙 컬러의 주방 가구로 시크함을 더하고 그레이 톤의 바 테이블로 품격을 높였다. 그 옆으로 폴딩 도어를 열면 외부 테라스와 연결되는데, 단차를 준 공간에는 아름다운 조경과 함께 야외 욕조(자쿠지)를 두어 자연에 둘러싸인 듯한 포레스트 뷰를 확보할 수 있도록 했다.

Space Point

침실과 연결된 드레스룸
안방 침실의 유리 슬라이딩 도어를 열면 숨겨진 드레스룸 공간이 나타난다.

계단실 밑 윈도우시트
3층 계단실 밑 공간엔 아이들이 함께 즐길 수 있는 윈도우시트를 마련했다.

18

진심을 담아 완성한 디자이너의 공간

MY SECOND HOUSE

Interior Source

대지위치 경기도 파주시

거주인원 4명(부부+자녀2)

건축면적 115m²(35평)

창호재 이건 알루미늄 창호

내부마감재 벽·천장-던에드워드 친환경
도장 / 마루-LX하우시스 원목마루

욕실 및 주방 타일 전실·주방-
월드타일(일본타일) / 욕실-
성우인터내셔날, 윤현상재(이태리 타일)

수전 등 욕실기기 싱크대 수전-
팔맥(포스터) / 변기-아메리칸스탠다드
/ 세면수전-제이바스 /
세면대-Valdama(윤현상재)

주방 가구 제작(도장 마감), 블룸
하드웨어, 팔맥 매립 후드

조명 소파 스탠드·주방 벽등-Louis
Poulsen / 거실 벽등-NEMO / 거실 복도
포인트 조명-FLOS / 식탁 펜던트-VIBIA

스위치·콘센트 융

중문 합판+금속 심대+유리(도장 마감)

방문 제작(도장 마감), 수입 손잡이

붙박이장 자체 제작

가구 서재 벽 마감재-dexboard(덱스보드)
/ 선반-자체 제작 / 냉장고-서브제로
/ 커피머신-브레빌870 / 오디오-
브라운(디터람스 오디오), 뱅앤올룹슨
오디오

시공·설계 interior오월 010-9181-7579

mayway_5

사진 진성기(쏘울그래프)

경기도 파주에 위치한 아파트. 아파트인데 주택인 양 느껴지는 이곳은 인테리어오월 권현옥 실장의 세컨하우스다. 아이들의 등하교 문제와 직업상 야근이 잦은 터라 기존에 살고 있던 타운하우스와 이곳을 오가며 생활하기 위해 마련한 집. 가족을 위해 선택한 공간이지만, 그동안 작업하며 사용하고 싶었던 자재와 소재들을 과감하게 시도해 볼 수 있는 기회였다.

빈티지 타일이 깔린 위로 모던한 스타일의 가구와 조명으로 차분하게 디자인된 현관. 디자이너의 집 답게 공간 곳곳에서 남다른 감각이 느껴진다. 하지만 이 집의 진짜 매력은 따로 있다. 너른 창을 통해 실내로 한가득 들어오는 창밖의 녹음. 감탄할 만한 뷰다. 외부 정원이 고스란히 보이는 저층의 장점을 최대한 살리는 것. 이것이 집을 수리하며 가장 신경 쓴 부분이다. 정원이 딸린 타운하우스에서 살던 가족이 아파트로 거주를 옮기며 크게 답답해할 부분이 바로 그것일 테니까. 그래서 집을 선택함에 있어 창밖으로 사계절을 느낄 수 있는 저층을 우선순위로 뒀고, 딱 맞는 집을 발견한 후에는 이를 잘 살릴 수 있는 방안을 모색했다. 외부에서 안이 들여다보이는 것이 저층의 단점이라지만, 반대로 외부의 자연을 오롯이 느낄 수 있으니 그 장점을 최대한 살려보고 싶었다.

기존 창에는 유리에 블라인드가 매립된 상태였다. 안에서 밖이 전혀 보이지 않았기에 우선 창호부터 바꿔야겠다고 생각했다. 그래서 선택한 알루미늄 프레임 창호는 탁월한 선택이었다. 원하는 대로 창을 디자인할 수 있고 무엇보다 프레임이 얇아 군더더기 없이 자연을 고스란히 담아낼 수 있었다. 그렇게 녹음이 우거진 바깥 풍경을 배경으로 두고, 집 내부는 따스한 웜톤으로 마감했다. 부드러운 베이지와 우드톤 그리고 뉴트럴 컬러가 주를 이루는 공간. 매끄럽게 도장한 하얀 벽면과 편안한 색감으로 이뤄진 가구들이 머무는 내내 편안함을 준다. 시각적인 편안함을 더하기 위해 곳곳에 부분 조명을 설치하고 디자인이 돋보이는 그림과 그릇들을 두기도 했다. 또 거실을 비롯해 복도 끝, 주방 그리고 서재와 침실까지 모든 공간에는 오디오를 두었다. 머무는 곳이 어디든 원하는 음악과 라디오를 들으며 하루의 피로를 풀 수 있기를. 어느 곳에서나 최상의 음악을 들을 수 있도록, 가족의 취미를 고려한 아이템이다.

Living Room & Dining Room

한정된 공간을 최대한 활용하기 위해 쓰임새가 좋은 제작 가구를
설치하고 공간마다 최상의 배치를 끌어내기 위한 고민이 이어졌
다. 디자인적인 요소도 꼼꼼히 챙겼기에 가구가 꽤 많은 편인데도
무엇하나 도드라지지 않는다.

Kitchen

주방의 경우 기존의 창호를 알루미늄 창호로 바꾸면서 생긴 여유 공간에 가벽을 설치, 싱크대 가로 길이를 늘여 공간을 더욱 넓게 사용할 수 있게 됐다. 한층 여유로워진 주방에는 아일랜드 조리대를 제작하고 원형 식탁을 배치해 대면형 주방을 완성했다. 또 다른 공간과 달리 바닥에 타일을 깔아 위생적으로 관리할 수 있도록 했다.

Master Bedroom

안방은 가벽을 경계로 한쪽은 침대를, 다른 한쪽에는 옷장을 짜 넣었다. 필요한 공간만큼 분리해 사용하니, 그야말로 필요한 것만 알차게 갖춘 셈이다. 침대에 누우면 창문이 바라보이는 독특한 구조지만, 계절의 변화를 침대에서 만끽할 수 있는 그야말로 멋진 배치다. 아이들의 공부방 겸 놀이방에서도 창밖 풍경이 근사하다. 이곳에도 어김없이 오디오가 놓여 있어 놀이를 하면서 좋아하는 음악이나 이야기 CD를 들을 수 있다.

Study Room

가장 오랜 시간 공들인 공간은 서재다. 무엇보다 좁은 탓에 작업에 필요한 책상과 책장, 수납장을 모두 넣기엔 역부족이었다. 고민 끝에 창호 앞으로 가벽을 설치하게 되었는데, 그 덕에 공간이 정돈되면서 최상의 동선과 디자인이 완성됐다. 여기에 ㄱ자 책상과 넉넉한 서랍장을 두고 책상 앞으로는 선반과 하부장을, 옆으로는 180도 경첩이 달린 프린터기장과 수납장이 배치됐다.

Space Point

취향이 담긴 코지 코너
거주자의 취향을 단번에 알아챌 수 있는 요소. 오디오와 어우러지는 가구까지 제작해 하나의 오브제로 완성했다.

서재 수납 시스템
신소재 덱스보드(dexboard)에 선반을 제작, 책과 소품 그리고 오디오를 배치했다. 하부 수납장에는 바퀴를 달아 이동이 편리하다.

은은한 주방 조명
오픈 형태의 주방이 더욱 근사해 보이는 것은 빈티지 라디오를 비추는 조명 덕분. 작은 조명 하나가 포인트 요소가 되어준다.

19

다락의 로망이 이루어진 상가주택

HOME, REAL ROMANCE

Interior Source

대지위치 경기도 시흥시

거주인원 3명(부부+자녀1)

건축면적 152㎡(46평)

단열재 경질우레탄보온판 2종 1호 140T

창호재 LG하우시스 슈퍼세이브 7

에너지원 가스보일러

내부마감재 벽-던에드워드 친환경 도장,
개나리 벽지 / 바닥-원목마루

욕실 및 주방 타일 팀세라믹,
티엔피세라믹

수전 등 욕실기구 아메리칸스탠다드

주방 가구·붙박이장 제작

조명 도우라이팅, 대광조명

계단재·난간 철제 난간 에폭시 및 도장
마감 / 통유리 난간

현관문 단열방화문+도장

중문 이노핸즈

방문 영림도어+던에드워드 도장 마감

벽난로 삼진벽난로

시공 홍예디자인 / ㈜야탑종합건설

설계 마당건축

인테리어 디자인 홍예디자인 02-540-
0856 blog.naver.com/only3113

사진 진성기(쏘울그래프)

신축 상가주택, 이곳의 4층에 주거공간을 마련한 가족은 그들에게 꼭 맞는 집을 만들고 싶었다. 인테리어 키워드는 '휴식'과 '추억'. 언제든 편히 쉴 수 있고, 아이가 커가면서 다양한 체험을 함께 아로새길 수 있는 곳. 여기에 다락을 활용하는 등 오랜 로망을 품고 집을 온전히 가족을 위해 꾸며줄 업체를 찾아다녔고, 홍예디자인을 만나 그 꿈이 구체화되었다.

집은 전체적으로 심플한 화이트톤으로 꾸몄다. 가족이 오랜 시간을 함께 보낼 곳인 만큼, 모던하면서도 따스한 느낌이 들도록 신경 썼다. 바닥은 타일 대신 원목마루를 깔아 집 안의 아늑한 분위기를 더욱 살려주는 요소가 된다. 또 현관에서부터 시작해 거의 모든 실에 수납공간이 있어 더욱 깔끔하고 넉넉한 공간감을 느낄 수 있다. 거실은 넓게 트인 모습으로, 들어서는 이에게 마치 갤러리에 온 것 같은 인상을 준다. 천장을 최대한 높여 개방감을 더하고, 꼭 필요한 만큼의 감각적인 가구들만으로 배치해 단정하고 세련된 공간을 완성했다. 실내는 넓게 확장되어 있으면서 동선의 편의를 고려한 긴밀한 연결성으로, 촘촘한 구성으로 다가온다.

거실에서 곧바로 이어지는 다이닝룸과 주방은 실용적이면서도 여유를 품은 공간으로 가족을 위해 설계된 곳이기도 하다. 발코니를 마주하는 다이닝룸에서는 가족의 단란한 식사가 이루어지며, 주방의 중심에 아일랜드를 놓아 요리하는 동안에도 그 너머로 아이를 돌볼 수 있도록 했다. 가족을 위한 공간은 계단을 올라 다락에서 더욱 극에 달한다. 부부의 오랜 꿈이 이루어진 곳으로 한쪽으로는 서재가, 다른 한쪽으로는 아이의 놀이방이 펼쳐진다. 서재는 아빠의 바람대로 사방이 전부 책장으로 채워졌다. 한편에는 벤치를 두어 부부는 나란히 앉아 책을 읽고 서로의 취미생활을 즐길 수 있으며, 언제든 함께 이야기 나누는 특별한 장소가 되었다. 맞은편 아이 놀이방에는 천장의 경사 하부를 활용해 벙커를 만들었다. 이외에도 다락은 드레스룸과 수납창고로도 쓰이며 멀티룸으로서의 역할 또한 훌륭히 해낸다. 우리의 시간을 마음 놓고 맡길 수 있는 집을 찾아 드디어 발견한 곳. 가족의 추억이 집 안 곳곳에 하나 둘 쌓여가는 로망이 이루어진 집이다.

Living Room & Kitchen

거실과 주방, 다이닝룸이 하나의 공간처럼 이어져 있는 구조. 가족들이 가장 오랜 시간을 보내는 곳이니만큼 심플하면서도 아늑하게 꾸며졌다. 유광 대형 타일로 힘을 준 주방은 조리와 식사, 수납 등 기능성을 최대한 살렸다. 중심에는 3m에 달하는 아일랜드를 놓았는데, 간단하게 바로 식사하기에도 좋아 활용도가 높은 편이다.

Master Bedroom

복도를 지나면 사적인 공간이 자리하는데, 안방은 그 안으로 드레스룸과 욕실을 품었다. 아늑한 침실과 이어
지는 드레스룸은 스타일러와 화장대까지 콤팩트하게 갖춰 효율적인 쓰임새가 돋보이며, 그 안으로는 길게 세
면대를 둔 욕실이 있어 편리하게 이용할 수 있다. 욕실엔 모서리에 거울을 두어 넓어보이는 효과를 냈다.

Kids Room

아이방 역시 방 안에 들어서면 공부방과 침실, 드레스룸까지 곧장 이어지게끔 만들었다. 공부방은 현재 엄마의 서재로도, 세 식구가 즐거운 놀이 시간을 보내는 곳으로도 활용되지만, 앞으로 아이가 자라면 그에 맞게 용도가 달라질 것까지 세심히 배려해 설계한 공간이다.

4F

ATTIC

Attic_Study Room & Play Room

계단을 오르면 이 집의 백미, 다락과 마주하게 된다. 아빠의 작업 공간이자 부부가 오붓한 시간을 함께 하기도 하는 서재와 천장의 경사 덕분에 아지트를 연상케 하는 아이 놀이방이 있는 곳. 천장이 낮은 편이지만 채광이 좋아 오래 머물러도 답답하지 않다. 꼬마 손님이 방문하는 날에는 이곳에서 레터링 조명을 켜고 함께 즐거운 시간을 보내기도 한다.

Space Point

여러 기능을 갖춘 계단실

계단실 옆의 여유 공간은 다양한 활용이 가능하다. 계단을 따라 유리 난간을 설치해 안전성은 물론, 더욱 개방감이 느껴지는 실내 인테리어를 완성했다.

실용성과 쾌적함을 갖춘 보조주방

슬라이딩 도어 안쪽으로는 보조주방을 마련했다. 이곳에는 냉장고와 세탁기, 건조기를 두고, 싱크볼과 가스레인지를 설치해 냄새 나는 음식을 마음껏 조리할 수 있다.

가족의 추억이 쌓여갈 발코니

방을 하나 더 내는 대신 발코니를 만들었다. 외부와 개방된 느낌으로 가족이 함께 시간을 보낼 수 있는 공간이다. 여름이면 물놀이를, 겨울이면 눈사람 만들기를 즐길 수 있다.

20

발상의 전환, 공간의 재배치로 변신

CHANGE WAY OF THINKING

Interior Source

대지위치 서울시 성동구

거주인원 2명(부부)

건축면적 108m²(32평)

내부마감재 벽-LG 베스띠 벽지 / 바닥-구정마루 프레스티지 천연마루, 오크

욕실 및 주방 타일 욕실-수입타일+유리블럭 / 주방 바닥-수입타일 / 주방 벽-수입타일(모자이크)

수전 등 욕실기기 아메리칸스탠다드 외

주방 가구 아일랜드, 하부장, 냉장고장-제작(LPM도어) / 상판-롯데 스타론 인조석 / 선반-제작(오크 필름) / 다이닝 테이블 및 벤치-제작(오크 원목) / 다이닝 덧창-오크 원목 프레임+한지 창호지 제작

조명 허먼 밀러 넬슨 소서 버블펜던트(다이닝), 제작 네온사인(주방)

스위치 및 콘센트 융

중문 현관 스윙도어-투명유리+제작 손잡이 / 드레스룸 슬라이딩도어-오크 원목 프레임+한지 창호지 제작

파티션 현관 거실-벽(목공 프레임 위 오크 필름+원형 유리 제작) / 아일랜드 파티션-수입타일(모자이크)

방문 제작(ABS 도어), 도무스 실린더

붙박이장 자체제작 가구

시공 및 설계 블랭크스페이스 010-7204-9204 ⓞ blankspace.kr

사진 진성기(쏘울그래프)

리모델링에 있어 주택에 비해 한계가 있는 아파트지만, 기존의 틀에서 벗어나 생각하면 얼마든지 새로운 공간을 만들어낼 수 있다. 90년대에 지어져 20년이 넘은 이 아파트가 그런 케이스다. 처음 지어진 그대로 손 한번 대지 않아 낡은 UBR 욕실과 틀어진 알루미늄 섀시 등 모든 것이 철거 대상이었던 집. 하지만 무엇보다 문제였던 것은 좁고 긴 주방이었다. 평소 요리를 좋아하고 지인들과의 홈파티를 즐기는 부부였기에 공간의 획기적인 변화가 필요했다. 밝고 넓은 주방 그리고 잦은 초대에도 프라이빗한 공간을 유지할 수 있도록 공용공간과 개인공간이 분리되길 원했다. 기존의 주방은 북향으로 어둡고 좁은데다 침실들 사이에 배치된 형태였기에 구조변경은 선택이 아닌 필수였다.

다양한 레이아웃을 두고 고민한 끝에 가장 넓은 면적을 차지하던 안방을 주방으로 변경하기로 했다. 화이트우드 인테리어로 따뜻하게 연출된 주방은 잦은 지인 초대를 고려해 11자 배치의 조리공간과 다이닝 공간으로 분리해 불편함이 없도록 했다. 기존의 좁고 깊은 구조였던 주방은 수납에 특화된 드레스룸으로 교체, 옆의 침실과 연결해 새로운 마스터룸으로 계획했다. 좌측으로는 거실과 주방을 우측으로는 침실들로 나눈 것. 공용공간과 개인공간의 명확한 분리다. 주로 낮에 머물게 되는 거실과 주방은 채광이 좋은 남향에 배치하고, 오롯이 휴식을 위한 공간인 마스터룸은 북향으로 배치해 공간 활용면에서도 효율적이다. 그리고 이 두 영역의 사이에는 창호지로 마감한 슬라이딩 도어를 제작해, 두 공간을 시각적으로 분리하되 은은한 빛의 투과로 답답함이 없도록 했다.

부부 침실은 가장 넓은 곳, 그리고 남향이어야 한다는 고정관념에서 벗어나 남다른 발상으로 새롭게 구성된 집. 기존의 구조에서 벗어나는 건 쉽지 않은 일이지만, 불가능한 일도 아니다. 그저 조금 더 고민하고 과감히 도전하면 될 일이다. 넓은 주방에서 지인들과의 만찬을 꿈꾸던 이들의 이야기처럼 말이다.

Living Room

다소 좁은 현관에는 통유리로 중문을 설치하고 벽면에 원형으로 창을 내 개방감을 주었다. 심플하게 구성된 거실은 발코니를 확장하면서 기존의 창고를 갤러리 공간으로 변형해 부부의 취향을 온전히 녹여냈다.

Kitchen

주방에 다이닝 공간까지 갖춰야 했기에 11자로 조리대를 구성해 그 앞으로 테이블을 배치, 공간을 효율적으로 분리했다. 조리대에는 낮은 가림막을 제작해 자잘한 주방 살림을 가리는 동시에 요리를 하면서도 식탁을 마주할 수 있어 편리하다.

Dress Room

좁고 깊은 형태였던 기존의 주방은
드레스룸으로 사용하기에 적합한 구
조로 양쪽에 가구를 배치해 넉넉한
수납량을 자랑한다. 거실과의 공간
분리를 위해 원목 슬라이딩 도어를
제작하고 빛이 투과되는 창호지로
마감해 채광을 확보했다.

Bedroom

드레스룸을 지나 안쪽으로는 오직 수면을 위한 침실이 이어진다. 바닥에 단을 올리고 침대 헤드를 마루로 제작해 마치 단과 벽체가 하나의 침대처럼 느껴진다. 침대 맞은 편 움푹 들어가 있던 공간은 세면대 겸용 파우더 공간으로 구성해 활용도가 높다.

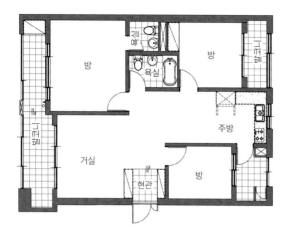

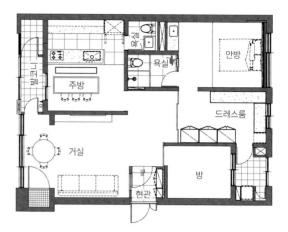

선반 아래 매립형 조명 설치

주방의 선반 안쪽으로 조명을 매립, 벽면을 비추는 은은한 불빛 덕분에 공간이 한층 살아난다. 조용한 저녁 시간, 테이블 위 펜던트와 이 조명만으로도 충분하다.

채광을 위한 유리블록벽

한쪽 벽면을 유리블록으로 마감해 자연광이 욕실 내부로 유입될 수 있도록 했다. 세로로 길게 제작된 블록이 밋밋한 벽면에 포인트가 되어준다.

21

우드와 곡선이 어우러진 인테리어

WARM & CREATIVE

Interior Source

대지위치 서울시 강남구

거주인원 4명(부부+자녀2)

건축면적 192㎡(59평)

내부마감재 벽-벤자민무어 & 던에드워드
친환경 도장, 3m 인테리어 필름,
LG하우시스 벽지 / 바닥-이건마루
제나텍스쳐 쉐브론 마루&일자 마루,
윤현상재 수입타일(주방)

욕실 및 주방 타일 부부 욕실-윤현상재
수입타일 / 공동 욕실-수입 디자인 타일 /
주방-토탈마블 라포세린

욕실기기 아메리칸스탠다드, 수입 도기

수전 파포니링고

조명 허먼밀러 조지넬슨 버블 소서
펜던트(주방), 수입 및 국산 조명

실링팬 에어라트론

주방 가구·붙박이장 제작 가구

주방 상판 아일랜드-스테인리스 /
싱크대-포세린

거실 소파 에릭 요르겐슨(Erik Jorgensen)
EJ280

거실 테이블 허먼밀러 EAMES WIRE
BASE ELLIPTICAL TABLE

거실 라운지체어 허먼밀러 EAMES
MOLDED PLYWOOD LCW 월넛

디자인·설계·시공 림디자인 02-543-
3005 blog.naver.com/rimdesignco

사진 이종하

디자인을 전공한 부부와 어린 자매, 네 식구의 새집으로 낙점된 이곳은 아파트이지만 창 너머로 내 집 마당 같은 풍경이 담긴다. 1층이라 누릴 수 있는 싱그러운 특권이다. 하지만 내부는 대대적으로 리모델링이 한번 이루어졌음에도 관리 부족으로 손봐야 할 부분이 곳곳에 보였다. 50평대의 작지 않은 면적이지만, 불필요한 가벽으로 공간이 분리되어 답답했고 무엇보다 건축주 가족의 취향과 라이프스타일에 맞지 않은 구조와 스타일이 문제였다.

부부는 남다른 감각과 취향을 듬뿍 담으면서도 따뜻한 느낌이 감도는 집이었으면 했다. 웹 디자인 회사 CEO인 아빠에게는 서재가 필요했고, 엄마는 흔하지 않되 실용적인 자재로 구성한, 늘 머물고 싶은 주방을 꿈꿨다. 아이들의 침실은 침대와 책상이 나란히 배치된 흔한 구조보다는 상상의 나래를 펼칠 수 있는 아지트 같은 공간을 만들어주고 싶었다.

인테리어의 가장 기본이 되는 컬러는 '화이트'다. 부부의 미니멀한 취향을 반영하여 깨끗하고 간결한 느낌을 주는 색을 바탕으로 깔고, 곳곳에 그린 컬러와 공예적인 곡선 디테일로 포인트를 주었다. 현관 초입의 오브제 같은 디자인의 수납장과 거울을 비롯해 손잡이 없이 매끈하게 연출된 신발장에서도 감각이 엿보인다.

거실로 향하면 온기를 머금은 헤링본 바닥재가 아늑함을 더하고, 부부가 직접 고른 미드 센추리 감성의 북유럽 디자인 가구들이 저마다 자기 자리에서 존재감을 빛낸다. 주방은 거실과 분리하되 답답하게 느껴지지 않도록 유리 도어를 설치했다. 특히 아치형 입구는 이 집에서 가장 디자인적인 요소로서 세련된 조형미를 자아낸다.

거실과 주방을 지나 멋스러운 월넛 간살문을 열고 들어가면, 조약돌 모양의 거울과 그린 컬러의 콘솔이 놓인 복도를 중심으로 안방과 아이방이 마주 보게 자리한다. 각 방의 슬라이딩 도어를 활짝 열어두면 하나의 공간처럼 이어진다. 아직 어린 아이들을 고려한 배치다. 자매가 함께 쓰는 아이방에는 넉넉한 크기의 벙커 침대를 제작해 하부에는 잠들기 전 책을 읽거나 놀 수 있는 공간으로 구성했다. 욕실이 딸린 안방에는 파우더 공간을 파티션 삼아 간단한 드레스룸을 만들었는데, 이 역시 단순하지만 하나의 오브제 같은 형태미를 뽐낸다.

Entrance

현관 초입에는 오브제 같은 디자인의 수납장과 거울을 두어 외출할 때나 귀가 시 옷매무새를 정돈할 수 있도록 배려했다. 현관부터 복도까지 길게 연결된 신발장은 마치 벽의 일부처럼 보인다. 라운딩 처리된 벽 모서리와 중문, 아치형 주방 입구로 이어지는 곡선 디자인 또한 인상적이다.

Hall Way

거실에서 안방, 아이방으로 향하는 복도 입구에
는 월넛 간살 중문을 달아 여닫을 수 있게 했다.

BEFORE

AFTER

Kitchen

주방은 맞춤 제작한 가구로 버리
는 공간 없이 실용적으로 구성하
되 스테인리스 상판, 곡선 디테일
등 디자인도 놓치지 않았다.

Kids Room

아직 어린 자매가 함께 잠을 자는 아이방은 벙커침대를 제작해 아이들만의 아지트처럼 꾸몄다. 다락방 같은 2층 침대 공간은 퀸사이즈 매트리스가 들어갈 정도로 넉넉하다.

Space Point

위로 열리는 플랩장
자잘한 살림살이나 소형 가전제품 등을 깔 끔하게 숨겨 수납할 수 있다.

키큰장 팬트리
서랍과 선반, 도어 랙까지 알차게 활용해 수납의 효율성을 극대화했다.

벽 속에 숨은 창고
발코니를 확장한 후 기존 창고에는 덧문을 달아 벽처럼 보이도록 했다.

22

전원생활의 꿈이 실현된 집

WHITE & WOOD HOUSE

Interior Source

대지위치 충청북도 청주시

거주인원 2명(부부), 반려견1, 반려묘1

건축면적 128.27m²(38.80평)

내부마감재 벽-벤자민무어 페인트 /
바닥-포세린 타일(오이스터 트레이딩),
원목마루(떼카코리아)

창호재 이건창호

욕실 및 주방 타일 오이스터 트레이딩

수전 등 욕실기기 한스그로헤, 퓨로

계단재·난간 원목마루

조명 루이스폴센

현관문 이건창호, 리치도어

중문 이건라움 슬라이딩 도어

방문 현장 제작

붙박이장 리바트 이즈마인 프레임
드레스룸

식탁 Niels.O.Moller

거실장 USM

시공·설계 스페이스.d 043-256-8005

🅞 space d901

사진 진성기(쏘울그래프)

치과의사인 아내와 대학 강사인 남편이 거주하는 청주의 한 타운하우스. 식물을 가꾸고 싶었던 아내와 지인들을 초대해 바비큐를 즐기며 전원생활을 누리고 싶었던 남편은 현재 집으로 오기 전, 큰 테라스가 있는 주상복합주택에서 2년 정도의 적응 기간을 가졌다. 그곳에서 전원생활을 간접적으로 경험한 부부는 도심 속 전원 공간을 찾던 끝에 현재의 집과 인연이 닿게 되었다.

벽식 구조였던 주택 특성상 대단위의 구조 변경 계획에 어려움을 겪었지만, 마감 방식이나 재료에 차별성을 두어 집의 장점은 살리되, 단점은 보완하는 방식으로 리모델링 계획을 잡아나갔다. 3층으로 이뤄진 주택은 경사진 곳에 지어져 낮은 대지의 1층 현관과 마당과 연결된 2층 현관 두 곳으로 출입이 가능하다. 부부가 자주 이용하는 1층 현관은 창고와 계단만을 품은 공간으로, 우아한 조명과 모던한 컬러 조합으로 고급스러운 분위기를 더했다. 1층 계단을 올라 2층에 도착하면 가장 먼저 새하얀 복도와 마주한다. 정면으로는 깔끔하게 정제된 거실과 주방 공간이 펼쳐지는데, 화이트 우드 인테리어에 특별한 소품 없이 필요한 가구로만 채워 미니멀한 인테리어를 구현했다.

주방은 특히 신경을 많이 쓴 공간 중 하나. 손님을 자주 초대하는 부부는 음식 대접 등 효율적인 주방 사용을 위해 기존 주방의 구조를 바꾸길 원했다. 이에 식탁 위치를 전망이 좋은 창가로 이동시키고 주방 가구는 아일랜드 싱크대로 바꿔 효율성을 높였다. 리모델링이 끝난 새 주방의 모습은 부부가 가장 만족하는 공간이 되었다. 2층 복도 끝으로는 부부의 욕실과 드레스룸을 품은 침실 그리고 2층 현관이 자리한다. 부부 침실과 드레스룸은 목재 슬라이딩 도어로 공간을 나누었다. 드레스룸의 넉넉한 수납공간 덕분에 침실에는 수납장 없이 침대로만 채워 넓은 공간을 확보할 수 있었다. 맨 위층인 3층은 거실을 중심으로 방 3개와 외부 테라스 공간으로 구성했다. 3개의 방은 각각 게스트룸, 취미룸, 서재로 나누어 여가 공간으로 활용했다. 거실과 직결된 외부 테라스 공간은 푸른 하늘과 맞닿아 주변 자연경관을 한눈에 담을 수 있는 부부의 힐링 장소가 되어준다.

Living Room & Kitchen

주방과 거실을 나누는 벽에는 매립형 벽난로를 설치해 색다른 느낌의 포인트를 주었다. 거실 옆 주방과 다이닝 공간은 손님 초대가 잦은 부부를 위해 넓은 공간을 할애하고 우드 소재의 가구로 편안한 공간으로 연출했다. 또 중심에는 아일랜드를 추가로 배치해 효율적인 작업 공간을 확보했다.

Master Bedroom

현관을 중심으로 우측 끝에는 부부만을 위한 공간이 배치되어 있다. 안방은 오롯이 쉼에 집중할 수 있는 침실
과 샤워실을 갖춘 욕실 그리고 오픈형 행거가 마련된 드레스룸으로 구성되어 있다. 욕실에는 인조대리석으로
제작한 세면대, 직수 타입의 양변기 등을 두어 일반적인 화장실의 형태를 탈피했다.

2 F

3 F

Space Point

계단참 수납공간

2층과 3층 사이 계단참 벽면에 설치된 붙박이장은 유용한 수납공간이 되어준다.

슬라이딩 도어 거울

침실과 드레스룸을 연결하는 슬라이딩 도어 뒤편에 전신 거울을 설치했다.

23

이색적인 감각이 돋보이는 나만의 리조트

MODERN & NATURAL INTERIOR

Interior Source

대지위치 인천시 연수구

거주인원 2명(부부)

건축면적 184m²(56평)

내부마감재 벽·천장-던에드워드 친환경 도장 /
방-이건마루(무늬목) / 거실바닥-진영코리아 수입타일

욕실 및 주방 타일 유로세라믹 수입타일

수전 등 욕실기기 아메리칸스탠다드

주방 가구 제작(Querkus 건식무늬목 착색 도어), 블럼 하드웨어

조명 도우라이팅(LED 제작조명)

스위치 및 콘센트 르그랑 아테오

파티션 강화유리, 패브릭 패널 제작

방문 제작도어(무늬목 도어), 모티스 도어락

붙박이장 자체제작 가구(도어, 이노핸즈)

시공 및 설계 ㈜포인아이디 031-706-1988,
blog.naver.com/forin_id

사진 진성기(쏘울그래프)

리모델링을 앞두고 있다면 어떻게 해야 한정된 공간을 효율적으로 사용할지 고민하기 마련이다. 주로 메인이 되는 거실과 주방의 배치와 스타일을 가장 먼저 고민할 것이고 또 꼭 갖고 싶었던 프라이빗한 침실이나 욕실을 꿈꾸게 된다. 하지만 시선이 내부에만 머무를 수 없다면? 송도에 위치한 이 현장이 바로 그런 곳이다.

거실에서 골프장과 서해가 한눈에 내려다보이는 곳. 그저 창가에 서 있기만 해도 리조트에 온 듯 설레게 된다. 이런 느낌을 부부는 꼭 살리고 싶었고 기존의 집 상태로는 무리가 있었다. 화이트 몰딩에 원목마루의 평범한 스타일의 집이었지만, 빛바랜 마감재들을 그대로 살릴 순 없는 실정. 우선 집 안 전체를 두르고 있던 몰딩과 수납장들을 모두 철거했다. 그리고 외부의 뷰가 내부로도 이어질 수 있도록 거실과 주방을 확장해 탁 트인 개방감을 살렸다. 공간감을 극대화하기 위해 천장에는 라인 조명을 설치하고 불필요한 수납장 대신 넓고 편안한 가구를 배치해 안락함을 더했다. 전체적으로 톤앤톤 매치로 차분하게 꾸며졌지만, 과감한 컬러와 패턴을 곳곳에 사용해 휴양지에서 느낄 수 있는 이색적인 분위기까지 담아냈다.

퀄커스(Querkus) 패널을 절단해 제작한 아트월 또한 공간을 한층 세련되게 만드는 요소다. 친환경 목재 브랜드인 퀄커스 패널은 마감 처리를 하지 않아 소재의 자연스러운 질감을 표현하기에 적합한 자재. 세라믹 상판으로 모던한 분위기로 연출된 주방에도 같은 패널로 제작한 가구를 배치해 전체적으로 통일감을 살려냈다. 거실과 주방 못지않게 감각적인 곳은 바로 알파룸이다. 위치와 면적이 애매해 활용도가 낮았지만, 프렌치 스타일로 화려하게 꾸며 기분 전환하기에 좋은 근사한 공간이 되었다. 공용공간이 다소 이국적인 느낌이라면, 침실과 오디오룸, 욕실 등의 프라이빗한 공간들은 모던 시크 스타일로 연출했다. 단 차가운 느낌을 상쇄하기 위해 베이지 혹은 블루톤을 적절히 매치해 따스한 분위기를 품어내도록 했다. 오롯이 내부에만 집중하기보단 외부 풍경까지 이질감 없이 담아내려 노력한 현장. 푸른 잔디와 바다가 내려다보이는 이곳에서 부부는 매일매일 여행 중이다.

Living Room & Kitchen

거실과 주방을 이어진 공간처럼 넓게 활용하기 위해 같은 재질의 마감재를 선택해 통일감을 주고 유리벽을 활
용해 시야의 가림 없이 공간을 자연스레 분리했다. 세라믹 상판에 우드 패널을 매치한 주방은 자연적인 물성이
그대로 느껴져 세련되면서도 내추럴한 분위기를 동시에 뿜어내고 있다.

Master Bedroom

침대 뒤로 가벽을 세워 드레스룸을
별도로 제작했다. 드레스룸은 넉넉
한 수납과 편리한 동선을 고려해 가
로로 길게 제작, 한눈에 옷과 액세서
리 등이 보이도록 하고 환기를 위해
좌우로 창을 배치해두었다.

Space Point

오픈 형식의 세면대 선반

편백나무로 짠 세면대 아랫부분을 오픈시켜
습기가 차기 쉬운 욕실 수납에 한결 자유롭
다. 바구니를 활용해 각종 욕실용품을 보관
하면 편리하다.

욕조 위 매립형 수납장

군더더기 없이 심플하고 세련된 디자인을
위해 타일 벽 안으로 매립형 수납장을 제작,
목욕 시 사용하는 용품들을 깔끔하게 보관
할 수 있어 편리하다.

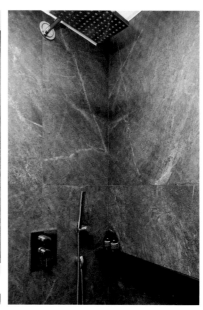

Bathroom

안방 욕실은 남편의 취향을 최대한 살린 공간이다. 짙은 그레이톤의 타일로 마감해 모던한 분위기를 살리되, 은은한 펜던트 조명과 편백나무로 제작한 세면대 상판으로 공간에 따스함을 더했다. 디자인이 독특한 철제 수건걸이 덕분에 유니크한 디자인이 완성됐다.

Audio Room

영화와 음악을 즐겨보는 부부를 위해 마련된 오디오 룸은 방음에 최적화된 공간이
다 바닥의 카펫은 기본으로 벽체에도 흡음재를 시공 후 패브릭으로 감싸 방음 기
능은 물론 디자인까지 두루 갖춘 공간이 되었다.

(24)

차분하게 그리고
과감하게 완성된 공간

MAKE YOUR HOME
FEEL MORE RELAXING

Interior Source

대지위치 서울 송파구

거주인원 2명(부부)

건축면적 115m²(34평)

내부마감재 벽-실크벽지 / 바닥-포세린타일+강마루

욕실 및 주방 타일 수입타일

수전 등 욕실기기 아메리칸스탠다드+더존테크

주방 가구 제작PET, 세라믹, 블럼 하드웨어

조명 식탁 펜던트-Louis poulsen[PH5 Black Edition]

스위치 및 콘센트 르그랑

방문 기존도어 랩핑

붙박이장 자체제작 가구

가구 아일랜드 바의자-MENU [Afteroom Counter Chair],
식탁의자-FRITZ HANSEN [SERIES 7], 식탁-&TRADITION [In
Between Table]

시공 및 설계 카라멜디자인스튜디오 010-4080-5673,
blog.naver.com/caramel_design

사진 진성기(쏘울그래프)

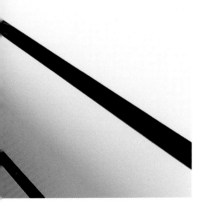

2018년 신혼집 홈스타일링을 계기로 인연을 맺었던 부부. 3년이 지난 어느 날 이번엔 집 전체 리모델링을 부탁하고 싶다며 카라멜디자인스튜디오로 연락이 왔다. 이미 서로의 취향과 스타일을 알고 있는 터라, 공사는 계획부터 무리 없이 착착 진행됐다. 전반적으로 깔끔하고 차분한 스타일을 선호하는 부부인지라 채도가 낮은 뉴트럴 컬러를 사용, 단아한 분위기로 세련된 공간을 제안했다. 여기에 큼직한 테라조 무늬와 강렬한 색감을 수용해 차분하지만 결코 지루하지 않은 공간을 완성했다.

기존의 구조는 그대로 살리되, 부부를 위한 맞춤형 공간 배치와 동선 정리 그리고 마감재 변경에 주력한 사례. 특히 집의 분위기를 좌우하는 거실과 주방의 경우 넓지 않은 공간을 최대한 효율적으로 활용하는데 초점을 맞췄다. 거실 소파 뒤쪽으로는 홈바와 다이닝 공간을 배치하고 거실과 이어진 주방엔 대형 아일랜드를 제작해 하나의 멀티룸 같은 분위기를 완성했다. 경계를 허물어 공간을 더욱 유연하게 활용할 수 있게 되었다고나 할까. 마감재의 선택에도 신중을 기했다. 우선 매트한 재질의 포세린 타일과 라이트 그레이 톤의 가구로 차분한 무드를 완성한 뒤, 테라조 패턴을 입힌 아일랜드와 컬러가 가미된 가구 배치로 생동감을 불어넣었다. 심미적인 부분까지 고려한다면 빼놓을 수 없는 것이 수납이기에 거실과 주방, 침실, 욕실 등 모든 공간에 꼼꼼하게 수납장도 짜 넣었다. 특히 거실의 뒤쪽에 제작한 홈바 장의 경우 일부는 청소기 장으로 일부는 생활 수납이 가능하도록 설계돼 디자인뿐 아니라 기능적으로도 만족스러운 공간이 되었다. 레이아웃의 큰 변화는 없었지만, 그 안에서 섬세한 포인트를 살려 심미성과 실용성을 모두 잡은 집. 달콤했던 신혼집에 이어 두 번째로 완성된 이곳은 부드러움과 화려함이 공존하는 묘한 매력으로 다가온다.

Entrance

현관에 들어서면 복도와 마주하는 구조로 기존의 중문을 철거, 한결 개방감이 느껴지는 입구다. 현관과 거실의 바닥을 비슷한 분위기의 포세린 타일로 진행해 공간에 끊김이 없이 이어진다.

Living Room & Dining Room

앞뒤로 길었던 거실을 분리해 다이닝룸을 새롭게 배치, 버려지는 면적 없이 알차게 공간이 구성됐다. 다이닝
공간 뒤로는 홈바 장을 제작, 주방에 부족한 수납을 나누어 보관하거나 생활 수납까지 가능하도록 설계했다.

BEFORE

AFTER

Kitchen

주방의 경우 키큰장 위치는 그대로 유지하고 벽에 붙어 있어 불편했던 아일랜드만 재배치해 동선을 정리했다. 기존 식탁이 있던 자리까지 길게 제작한 과감한 패턴의 아일랜드 덕분에 전체적인 분위기가 살아나는 듯하다. 아일랜드 가장자리에 배치한 바 테이블은 부부가 나란히 앉아 간단한 식사를 하기에 좋은 공간이다.

Master Bedroom

침실에는 협탁, 수납장, 벤치 등으로 두루 활용할 수 있는 침대 헤드를 제작했다. 부부의 키에 맞춰 높이를 설정해두었기 때문에 테이블 하나만 두면 미니 서재가 완성된다. 안쪽으로는 세면대 겸용 파우더룸이 마련되어 있다. 공간의 여백을 살리면서도 세면대 하부에 수납공간과 거울 수납장 등을 제작해 편리하다.

Space Point

홈바 겸용 청소용품 수납장

거실에 제작된 홈바 장에는 집에서 자주 사용하는 청소용품을 보관할 수 있도록 별도의 수납 공간을 마련해두었다. 덕분에 언제나 깔끔한 공간이 유지된다.

여백을 살린 욕실 거울

게스트 욕실로 주로 사용될 거실의 욕실은 디자인에 더욱 주력했다. 세로로 긴 거울로 여백을 살리고 안으로 조명을 설치해 감각적인 공간이 완성됐다.

25

새집보다 더 좋은, 살면서 고친 집

PERFECTED MY PLACE

Interior Source

대지위치 경기도 화성시

거주인원 4명(부부+자녀2)

건축면적 242.84㎡(74평)

내부마감재 1층 벽·천장-페인팅마감
벤자민무어(SCUFF-X) / 1층 바닥-
르플로 모네 강마루 / 현관-콩자갈 /
계단실-한일카페트 / 2층 벽-벤자민무어
페인트마감, 실크벽지마감 / 아이방-
포르나세티 수입벽지 / 2층 바닥-
르플로 모네 강마루, 한일카페트 / 지하
운동공간-지정 친환경 수성도장마감,
바닥-노출에폭시마감

욕실 및 주방 타일 지정 수입타일

수전 등 욕실기기 아메리칸스탠다드,
수전-더존테크

주방 가구 제작가구, 수입 박판타일
상판마감, 일부 원목도어 제작가구

조명 1층-실링팬 (루씨에어), 식탁등
(MUTTO Fluid), 벽등 (제작) /
2층-침실조명(조지넬슨 버블펜던트램프)

스위치 및 콘센트 르그랑 아테오

중문 지정 컬러 금속제작도어

붙박이장 자체 제작

시공 및 설계 로멘토디자인스튜디오
031-378-2367
www.romentordesign.com, 설계 이지수,
프로젝트팀 이정훈·김예지·신정민

사진 레이리터(이수영, 이미지)

기존에 살고 있던 집을 리모델링한 사례로 30대 젊은 부부가 어린 자녀들과 살고 있는 주택형 타운하우스다. 입주 후 한 번도 손대지 않아 곳곳이 많이 노후되고 방치되어 있는 상태였고, 전체적으로 누수도 진행 중이어서 보일러와 시스템 에어컨, 수도 설비 등 기초 설비부터 다시 보완해야 하는 상황이었다. 그러다 보니 공사는 디자인에 대한 고민 보다 살면서 느꼈던 불편함과 시설 보완을 우선으로 진행됐다.

일단 지하층부터 1, 2층에 이르기까지 공간에 목적을 뚜렷이 두도록 계획했다. 방치되어 있던 곳은 쓰임새 있도록 만들어주고 구조 변경을 통해 불편했던 동선 정리와 아이들의 공간 또한 위험하지 않도록 계획했다. 모든 공간을 고민하며 작업했지만 긴 계단실에 적용한 히든 센서조명 시공은 무엇보다 까다로운 작업이었다. 손잡이 내부로 조명을 넣어 센서 작동 시 계단을 비추도록 해 눈부심을 줄이고, 이동할 때마다 벽면의 벽 등이 순서대로 켜질 수 있도록 설치해 에너지 절약에도 효과적이다. 가장 적은 비용으로 큰 효과를 얻은 공간은 지하실이다. 기존엔 그저 방치된 창고였던 지하실이 헬스장이 된 것. 중앙에는 운동을 즐기는 남편의 운동기구를 두고 남는 공간엔 수납을 할 수 있도록 공간을 효율적으로 배치했다. 지하라는 공간의 특성상 꼼꼼한 관리가 어려울 경우를 대비해 벽과 천장을 어둡게 칠하고 전면에 거울을 달아 넓어 보이도록 했다.

1층에는 공용 공간과 서재가 배치되어 있는데, 그중에서 가족들이 가장 좋아하는 공간은 바로 주방과 거실이다. 기존에 막혀 있던 주방의 벽면을 허물어 오픈시키는 동시에 거실과의 연계로 한층 넓고 쾌적하게 사용할 수 있게 됐다. 오픈된 구조로 이어진 거실과 다이닝룸, 주방은 외부 정원과도 이어져 있어 사계절의 풍경을 어디서나 만끽할 수 있다. 아이들에게 위험했던 계단실도 면으로 정리해 심플하게 마무리하고 전체적으로 베이지톤으로 마감한 실내 덕분에 집안 가득 온기를 머금고 있는 듯한 느낌이 든다. 2층에는 안방과 아이들의 방이 주로 배치되었는데, 공간의 중심에는 가족들이 오가며 쉴 수 있는 가족실이 마련되어 있다. 아이들이 잠든 밤, 굳이 아래층에 내려가지 않더라도 부부가 함께 영화를 보거나 음악을 듣는 등 쉼을 위한 공간이랄까. 새집으로의 이사 보다 기존의 집을 고친 집. 살면서 불편하거나 부족했던 것들을 보완하는 과정이었기에 공사 후 더욱 만족감이 컸던 현장이다.

Living Room

기존 천장의 단 차이와 다양한 마감재 사용으로 어수선했던 거실. 비용을 줄이기 위해 천장의 선을 최소한으로 정리하고 천장과 벽면을 같은 컬러로 페인팅해 단순한 배경 만들기에 주력했다. 복잡하고 들쑥날쑥한 면들을 부드럽게 정돈하기 위해 밝은 마루를 선택하고 다양한 포인트를 주기보단 단조로운 공간으로 마무리했다. 덕분에 1층은 전체적으로 아주 심플하지만 커다란 창을 통해 들어오는 정원 덕분에 지루할 틈이 없다.

Kitchen

막혀 있던 주방 벽을 허물어 오픈 키친을 만들었다. 개수대와 쿡탑을 ㄷ자로 배치해 거실을 바라보며 요리할 수 있도록 하고 수납은 벽면 쪽으로 몰아 동선과 수납 모두 만족스러운 결과를 얻었다. 또 외부로 드러나는 물건들을 최소화하기 위해 높은 천장을 활용한 넉넉한 수납장을 제작, 가전과 주방용품을 모두 숨길 수 있도록 했다. 환기와 채광을 위한 작은 창문 앞에는 커피 바를 따로 만들어두었다.

BEFORE_1F

Study Room

재택근무 중인 남편을 위한 공간. 모든 가구는 기존에 사용하던 것을 재배치하고 튀어나온 벽면에 책장을 제작해 공간 활용도를 높였다. 책장 하부에는 도어를 달아 자질구레한 용품을 보관할 수 있도록 했다.

AFTER_B1F

1F

2F

Master Bedroom

어린 자녀들과 함께 지내고 있는 2층 메인 침실에는 넓은
침대와 서랍장이 많은 붙박이장을 제작해 두었다. 침실과
드레스룸, 욕실 순서로 동선이 연결되며 공간별로 슬라이딩
도어를 달아 좁은 공간을 효율적으로 활용할 수 있다.

Bathroom

욕실의 경우 자연광이 들어오는 넓은 욕조 공간은 그대로 살리되, 변기 부분에만 가림벽을 설치해 시선을 차단했다. 욕조에서 나온 아이들이 바로 샤워를 할 수 있도록 욕조 옆에 샤워 공간을 마련해 동선이 편리하다.

Family Room

2층의 중심에는 작은 쉼터이자 가족
실이 마련되어 있다. 계단을 올라오
면 마주하게 되는 두 평 남짓한 공간
으로 아이들을 재우고 부부가 TV를
보거나 영화를 보는 곳이다. 빈백도,
TV도, 협탁도 모두 기존에 사용하던
것들로 차분한 이곳과 어우러져 아
늑하고 평온한 분위기를 완성한다.

Basement

벽과 천장을 짙은 컬러로 페인팅해 강렬함이 느껴지는 지하 공간. 남편의 헬스장으로 활용되는 곳으로 전면에 거울을 달아 좁은 공간이지만 답답함이 없다. 최소한의 비용과 간단한 공정만으로 최고의 만족감을 선사한 공간이나.

센서로 작동하는 계단의 조명들

계단에 들어서면 천장의 스팟 조명과 손잡이 아래 간접조명이 스위치 없이 켜지도록 설계했다. 벽면에도 센서가 있어 근처에 가면 벽 조명이 켜진다.

다용도로 활용되는 제작 선반

다이닝 공간의 뒤쪽으로 선반을 제작, 큰 액자, 작은 액자 가릴 것 없이 올려 둘 수 있으며 그림이 지겨워지면 소품으로 꾸며보는 등 활용도가 높다.

26

블랙을 강조한 요즘 럭셔리

SIMPLE IS BEST

Interior Source

대지위치 서울시 송파구

거주인원 3명(부부+자녀1)

건축면적 192m²(58평)

내부마감재 벽-노루페인트 친환경도장,
개나리 실크벽지 / 바닥-노바 원목마루
소프트그레이

욕실 및 주방 포세린 수입타일(니즈타일)

욕실기기 아메리칸스탠다드

수전 크레샬, 슈티에

싱크볼 백조싱크 콰이어트, 엘레시

후드 엘리카

조명 LED 매입

가구 세라믹상판(세라미코),
HPL도어(메라톤)

소파 및 1인 체어 알로소

서재책상 막시리빙

거실 협탁 에잇컬러스

화분 데팡스

식물스타일링 김원희

디자인·설계 817디자인스페이스

ⓘ 817designspace_director

시공 백병기, 오기창

사진 변종석, 진성기(쏘울그래프)

신혼집 이후, 가족의 두 번째 집은 고층의 주상복합으로 결정되었다. 모노톤의 컬러, 군더더기 없는 심플함을 원한 부부에게 기존 집은 덧창과 많은 벽체, 도드라진 나무색으로 리모델링을 피할 수 없었다. 여유 있게 설계 기간을 잡은 터라, 아이디어를 모을 시간은 많았다. 비슷한 면적의 다양한 포트폴리오를 수집하고, 이 중 부부와 취향이 닮은 디자이너를 만나기까지 두 달이 걸렸다. 이후 본격적인 고민이 시작됐다. 부부가 마음껏 고르고 채운 신혼집과 달리, 이젠 7살이 된 딸아이의 감수성을 신경 써야 했다. 전체적인 콘셉트를 해치지 않게 공용 공간과 아이 공간의 컬러감을 맞추고, 바닥도 차가운 석재 마감 대신 원목마루를 택했다. 모던한 공간이되 차갑게 느껴지지 않도록 디자인하는 게 관건이었다.

좌우로 수납 시스템이 설치된 현관 홀은 이 집의 특징을 집약적으로 보여준다. 매트한 블랙과 화이트를 대비시키고, 전실에는 모노톤의 유화 액자로 포인트를 줬다. 한 걸음 더 들어서면 주방과 거실의 오픈 공간을 만난다. 세 식구지만, 손님 초대가 잦아 다이닝 공간에 면적의 꽤 큰 부분을 할애했다.

부부의 취향을 극명하게 드러내는 공간은 안방이다. 기존 벽체를 안쪽으로 들여 크기는 줄었지만, 침대 옆으로 가벽을 세워 파우더룸과 욕실, 드레스룸의 구분을 명확하게 잡았다. 가벽에는 개구부를 내어 채광은 물론 소통의 역할로 삼고, 흑경을 달아 공간의 밸런스를 맞췄다. 'ㄱ'자로 이어지는 드레스룸은 돌출 부위가 전혀 없는 미니멀한 디자인으로 도어 수납장을 채웠다. 불필요하게 컸던 안방 욕실은 면적을 나누어 거실에서 출입할 수 있는 게스트 욕실을 추가했다.

각 실 출입구는 도장된 미닫이문으로 제작해 일체화된 느낌을 갖는다. 아이의 주활동 공간은 서재와 코지룸이 마주하는 가족실부터 시작된다. 서재는 기존 벽체를 철거하고 강화유리로 벽을 삼고, 수납 양을 고려해 2중 책장을 설치했다. 맞은 편 코지룸에는 개별장을 짜 아이의 물품을 수납하고, 작은 벤치를 두어 놀이방으로도 손색없게 구성했다. 아이방은 아이가 택한 민트 컬러를 주조색으로, 넓은 사이즈의 책상과 수납장을 제작해 성인이 되어서까지 쓸 수 있도록 했다. 블랙의 모던한 공간이되 따스함을 놓지 않은 집. 절제된 인테리어 속에서 일상도 그러하길 바라며 가족의 꿈이 실현된 집이다.

Kitchen

주방 가구는 매트한 블랙 컬러의 대면형 아일랜드로, 일반 가정에서는 쉽게 볼 수 없는 압도적인 폭을 자랑한다. 세라믹 상판에 특수 코팅된 도어, 입체적인 내부 수납 기능을 갖춘 제작 가구다. 주방의 이미지는 거실 벽면으로 이어져, 커피머신 장과 김치냉장고 수납장까지 일체화시켰다. 각 장 상부에 설치한 LED 간접조명은 블랙의 고급스러움을 더욱 돋보이게 한다.

Space Point

◁ **히든 수납장으로 깔끔하게**
톤이 달라지는 김치냉장고는
도어 안으로 숨겼다. 사용빈도
가 낮아 가능했다.

▷ **도어 안쪽까지 활용한 수납**
주방가구의 도어까지 활용한
대용량 수납툴. 부드럽게 열고
닫히는 하드웨어를 적용했다.

Family Room

가족들이 함께 사용하는 공간인 가족실은 서재와 코지룸으로 구성했다. 두 공간 모두 기존 벽 대신 유리를 세워 오픈된 느낌으로 설계하고 블랙 컬러의 가구와 원목 마루를 접목시켜 내추럴함을 더했다. 서재 맞은편 코지룸은 아이의 놀이 공간이자, 간단한 다과를 즐길 수 있는 서브 가족실이다.

Master Bedroom

안방에는 침대 옆으로 가벽을 세워 세면 카운터를 만들되, 개구부를 내어 밝은 빛을 들였다. 이 가벽을 기준으로 침대가 놓여진 침실과 파우더룸, 욕실, 드레스룸이 분리되는 구조다.

BEFORE

AFTER

27

정갈한 디자인, 미니멀 인테리어

WHITE & WOOD HOUSE

Interior Source

대지위치 경기도 부천시

거주인원 3명(부부+아들1)

건축면적 157.92m²(47.77평)

내부마감재 벽-제일벽지 / 바닥-지복득
원목마루, 팀세라믹 포세린 타일

욕실 및 주방 타일 팀세라믹 포세린 타일

수전 등 욕실기기 수전-크레샬 /
도기-아메리칸스탠다드

주방 가구 제작 가구(무늬목도어, 블럼
하드웨어, 세라믹 상판)

주방싱크대 수전-더존테크 / 싱크볼-
블랑코

조명 오스람LED

스위치·콘센트 르그랑

중문 현관 중문-제작 금속프레임+
백유리 접합유리 / 복도 중문-화이트오크
원목 간살도어

방문 영림도어, 도무스 실린더

붙박이장 안방-자체 제작 가구 / 다이닝룸-
자체 제작 가구(화이트오크 원목)

시공·설계 STUDIO33 070-4917-3323

studio33_design

사진 진성기(쏘울그래프)

높은 층고의 확장된 거실과 비밀스러운 다락 공간. 주택을 선택하는
이들이라면 한 번쯤 꿈꿔보는 공간이다. 그런데 이러한 것들이 아파트
에서도 가능하다면? 작은 다락과 박공 모양의 천장이 있는 곳. 부부와
아들, 단출한 세 식구가 살고 있는 부천의 한 아파트 이야기다.

부부는 이 집을 선택하면서 집 안에서 생활하는 순간들이 지루하지 않
기를 바랐다. 이 집만의 장점과 부부의 바람을 담아 기존 아파트와는
다른, 새로운 공간으로 리모델링 방향을 잡았다. 넓은 창과 탑층이기
에 가능한 높은 층고 등 채광에 유리한 조건은 그대로 살리되, 두꺼운
몰딩을 철거해 공간을 한층 가볍게 살려냈다. 특히 거실 천장의 박공
형태를 최대한 살려 개방감을 극대화하는데 초점을 맞췄다.

공사 진행을 앞두고 가장 큰 과제는 공간 확보였다. 비교적 넓은 면적
이었지만, 공간이 불필요하게 나뉘어져 있어 가족의 라이프스타일에
맞춘 새로운 설계가 필요했다. 세 식구가 머무는 곳이니만큼 많은 방
보다는 함께 시간을 공유할 수 있는 장소가 절실했다. 집에 머무는 시
간이 늘면서 간단한 작업을 할 수 있는 작업실 겸 다이닝룸도 요구됐
다. 우선 집의 중심인 거실에 집중, 기존의 좁은 거실을 확장하기 위해
맞닿은 방 하나를 철거했다. 이 확장된 공간에는 가족이 모일 수 있는
서재 겸 다이닝룸을 두었다. 거실의 낮은 소파와 자연스레 이어지는
이곳은 일을 하거나 책을 볼 때도, 가족이 모여 저녁식사를 하거나 손
님을 초대했을 때도 자연스레 머무는 장소가 됐다. 집에서 보내는 시
간이 많은 터라 아이의 놀이방을 꾸미는 것에도 주력했다. 작은 다락
이 딸려 있는 놀이방은 사실 부부가 이 집을 선택한 이유이기도 하다.
다락을 아지트 삼아 오르내리며 아이가 마음껏 뛰어놀고 상상력을 펼
칠 수 있기를 바랐다. 안전을 위해 완만한 계단을 제작하고 밧줄과 자
작합판을 사용해 재미난 공간이 완성됐다.

집에 머무는 시간이 길어지는 만큼 특별한 공간을 꿈꾸게 되는 건 자
연스러운 일이다. 그렇게 해서 시작된 공사. 조금은 특별한 요소들로
개성을 더했지만 자고로 집이란 편안하고 안정감을 주어야 한다는 큰
틀에서는 벗어나지 않은 집이다.

Living Room

거실 뒷면 비내력벽을 철거해 만든 다이닝룸과 은은한 베이지톤의 소파, 우드톤의 실링팬이 이색적인 분위기를 자아낸다. 소파는 등받이가 낮은 것을 선택해 어느 곳에서도 시야기 가려지지 않는다. 화이트와 우드의 조합으로 정갈하면서도 심플하게 디자인된 다이닝룸은 밋밋함을 덜어주는 다채로운 소재를 곳곳에 적용해 흔하지 않은 디자인으로 완성됐다.

Kitchen

심플한 오픈 주방을 위해 과감하게 상부장을 없애는 대신, 냉장고처럼 덩치가 큰 전자기기는 안쪽으로 배치하고 키큰장을 설치해 수납공간을 확보했다. 그리고 중앙에는 인덕션이 있는 아일랜드를 배치해 조리와 더불어 간단한 식사까지 가능하도록 했다.

BEFORE

AFTER

Bedroom

거실과 침실 경계에는 간살도어를 설치해 '잠자는 공간'과 '활동 공간' 으로 영역을 분리해주었다. 간살도 어를 열면 복도 양쪽으로는 부부와 아이 침실이, 안쪽으로는 파우더룸 과 건식 세면대, 욕실이 차례로 이어 진다. 물을 사용하는 곳이니만큼 바 닥을 타일로 시공해 관리가 한결 편 리하다.

Space Point

유리 가벽 속 소품 진열대
다이닝룸 입구 유리 가벽 안으로 소품을 진열해 마치 박물관 한 켠을 보는 듯 재미나다. 계절에 따라 다양한 소품으로 변화를 줄 수 있는 전시 공간으로 활용할 수 있다.

원목 그릇 수납장
자주 사용하는 그릇을 보관할 수 있는 수납장을 두었더니, 그릇을 꺼내는 수고를 덜 수 있어 만족스럽다. 설거지 후 물기를 제거하고 바로 넣을 수 있어 편리하다.

호텔식 레이아웃, 건식 세면대
침실 공간의 복도에 마련된 건식 세면대. 붙박이장이 있던 자리를 철거하고 파우더룸과 세면대를 나란히 시공했다. 외부에 둔 세면대는 바쁜 아침 시간에 유용하게 활용된다.

28

익숙함과 새로움의 공존

MY SIGNATURE PLACE

Interior Source

대지위치 인천시 연수구
거주인원 4명(부부+자녀 2)
건축면적 160㎡(48평)
내부마감재 공용부 벽·천장-벤자민무어
친환경 도장 / 바닥-포세린 타일,
원목마루 / 방 벽·천장-도배
욕실 및 주방 타일 윤현상재 수입 타일
수전 등 욕실기기 아메리칸스탠다드,
수입 수전
주방 가구 제작(친환경 PET), 블럼
하드웨어 및 수입 액세서리(BARAZZA)
조명 LED할로겐
스위치 및 콘센트 융스위치, 콘센트
중문 현관 강화유리 중문, 월넛 원목
슬라이딩 도어
방문 제작(도장 도어), 수입 손잡이
붙박이장 자체제작 가구
시공 및 설계 림디자인 이혜림·배지은
디자이너 02-543-3005
blog.naver.com/rimdesignco
사진 진성기(쏘울그래프)

리모델링으로 인한 공간의 변화는 언제 보아도 경이롭다. 특히 그곳에 사는 이들의 취향을 온전히 담아낸 오직 단 하나뿐인 공간이라면 더욱 그러하다. 아파트라는 획일화된 공간의 성격을 뒤흔드는 일. 기존에 주어진 공간의 역할을 바꿔 제 역할과 기능에 충실할 수 있도록 방향을 잡는 것은 결코 쉽지 않은 일이지만, 그 결과물은 얼마나 근사한가. 송도 해모로 현장 역시 그랬다. 정리되지 않은 구조물과 중구난방으로 사용된 마감재와 컬러감으로 좁고 답답하게만 느껴졌던 기존의 집이 부부의 라이프스타일에 맞춰 전혀 새로운 공간으로 바뀌었다. 부부는 고급스러우면서도 시크한 감성을 공간에 담고 싶어했다. 또 공간들이 각각의 기능을 제대로 해내기를 바랐다. 알차면서도 품격을 잃지 않는 공간이랄까. 부부의 니즈에 따라 차분하게 연출된 공간에는 조명과 포인트 컬러를 적용해 분위기를 한층 업그레이드하고 주방과 방, 복도 등 모든 공간의 효율성을 최대로 끌어올리는 것에 집중했다. 우선 내부의 모든 도어는 히든 도어로 제작했다. 이는 복도 라인에 문들이 많음에도 깔끔하고 정갈한 공간이 연출될 수 있었던 비결이기도 하다. 또 내부 전체 서라운딩을 따라 간접 조명을 설치해 갤러리 같은 분위기를 연출했다. 요리가 직업인 아내를 위해 가장 심혈을 기울인 공간은 주방이다. 기존의 주방은 사용 가능한 면적이 매우 좁았던 상황이었다. 이에 따라 가능한 벽면은 모두 철거, 공간을 확장하고 개방감을 위해 거실과 다이닝, 주방이 하나로 통합된 오픈 플랜 구조로 진행됐다. 특히 공간의 중심에 대형 아일랜드를 배치해 주방 집중형 구조를 자연스레 이끌어냈다. 기존에 흔히 보던 주방 구조를 탈피하기 위해 배관 이설 등 그에 맞는 설비 공사도 진행됐다.

부부의 니즈에 따른 공간의 재배치는 주방 외 다른 곳에도 적용됐다. 넓은 방을 가벽으로 분리해 아내와 남편을 위한 개인 서재를 마련하고 오히려 분리되어 있던 마스터룸은 하나의 공간으로 통합해 확장, 더욱 만족감을 높였다. 필요한 것들을 담아냈기에 알차면서도 품위가 느껴지는 공간의 완성. 내부 공간 모두 협의한 모습 그대로 구현되었다. 집과 주인이 닮아 조화를 이루는 집, 그렇게 완성된 나의 시그니처 공간이다.

Dining Room & Kitchen

단순히 넓기만 한 공간이 아닌 웅장한 느낌을 연출하기 위해 톤 다운된 컬러와 재료의 물성이 느껴지는 세라믹 소재를 곳곳에 적용, 이로써 집 안의 구심적 역할을 하는 품격 있는 주방이 완성됐다. 많은 도자기 그릇을 보관할 수 있는 수납공간과 오픈 장식장 그리고 심플한 디자인으로 완성도를 높인 마그네틱 레일조명도 매력적이며, 아일랜드 뒷면에 제작한 유리블록 가벽 역시 기능과 디자인 모두 만족이다.

Study Room

기존의 넓은 방 하나를 가벽으로 분리해 아내의 서재, 남편의 서재를 각각 마련했다. 비록 넓진 않지만 재택근무를 위한 책상, 책장, 옷장 등을 모두 갖춰 넉넉한 수납뿐 아니라, 본연의 목적에 충실한 공간으로 꾸며졌다.

BEFORE

AFTER

Master Bedroom

안방은 침실과 드레스룸으로 분리되어 있던 공간을 하나로 확장해
호텔룸처럼 넓고 쾌적하게 사용하도록 하되, 한편에 파우더 공간
을 마련해 활용도를 높였다. 부부의 요청에 따라 안방 욕실에는 반
려견을 위한 세면대도 별도로 제작했는데, 덕분에 매번 허리를 숙
이지 않고도 편안하게 반려견을 씻길 수 있게 되었다.

Space Point

벽 라인의 확장, 유리블록

가로로 긴 아일랜드에 비해 짧은 벽 라인을 길게 확장하고 그 부분에 유리블록을 시공해 채광과 디자인 둘 다 해결했다.

홈바의 매입 라인조명

주방 아일랜드에 시공된 테라조 세라믹을 홈바에도 적용, 벽면으로는 라인조명을 매입 시공해 공간에 포인트가 되도록 했다.

반려견 전용 세면대

욕실 샤워부스 안쪽에 반려견을 위한 세면대를 별도로 마련해두었다. 내부를 모두 테라조 타일로 통일해 고급스럽게 느껴진다.

Hall Way

기존의 붙박이장을 철거, 그 자리에 널찍한 워크인 클로짓을 제작했다. 가방이나 의류, 생활용품 등의 보관 장소로, 슬라이딩 도어를 달아 공간의 활용도를 높였다.

29

삶이 한층 유니크해지는 공간

ENOUGH FOR LIFE

Interior Source

대지위치 서울시 강동구

거주인원 3명(부부+곧 태어날 자녀1)

건축면적 114㎡(34.48평)

내부마감재 벽-원목루버, 천연대리석,
친환경실크벽지 / 천장-벤자민무어
친환경페인트, 친환경실크벽지 / 바닥재-
광폭원목마루(지복득마루), 고흥석 버너

창호재 기존 시스템창호 재사용(유리 교체)
/ LG하우시스 TAWOX 시스템창호(3중유리)

욕실 및 주방 타일 윤현상재 수입
포세린타일, 인조대리석, 천연대리석

수전 등 욕실기기 윤현상재 수입
세면대, 바스데이 수입 수전 및 세면대,
아메리칸스탠다드·로얄앤컴퍼니 양변기

주방 가구 제작(천연대리석 상판, 도장+
원목 도어, LPM)

소파 BoConcept 암스테르담

테이블 스위스모빌리아

강아지집 JD홈드레싱

시계 이노메싸

러그 이씨라메종

식탁 이케아 독스타

조명 수입 조명(해외 직구), LED BAR, LED
다운라이트

침대 자체 제작(매트리스-시몬스)

침구 올포홈

현관문 성우스타게이트

중문·방문·붙박이장 제작

설계·시공 수담건축 010-8972-7173

⊙ sudam.architecture

사진 변종석

거실에 들어서는 순간 아름다운 한강 풍경이 눈 앞에 펼쳐지는 가족의 보금자리. 얼마 전까지 테라스가 있는 작은 빌라에서 살던 부부는 가족계획과 주거 편의성 등의 문제로 조금 더 넓은 평수의 집을 찾아 나섰다. 여러 부동산 앱을 통해 집을 검색하고 보러 다니길 1년. 우연히 지금의 아파트를 발견했다.

"아파트임에도 천편일률적이지 않은 유니크한 구조와 분위기가 있었어요. 우리 생활에 맞춰 잘만 고친다면 멋진 집이 되리라는 믿음이 있었고, 집의 환경이 삶의 질에 지대한 영향을 준다고 생각하는 저와 아내의 가치관이 맞닿아 매물이 나올 때까지 기다리고 또 기다렸죠."

그렇게 인연이 닿아 만난 집. 건축 일을 하는 남편 김철원 소장이 팔을 걷어붙이고 70일간의 공사가 시작되었다.

연식에 비해 꽤 관리가 잘되어 있어 사용할 만한 기존 요소들을 재활용하고 가벽 철거 후 구조를 재편성하여 더 넓고 환한 공간을 완성했다. 결혼식도 한옥에서 할 만큼 한옥 고유의 분위기를 좋아하는 두 사람이기에 집 안에는 한옥을 연상케 하는 요소들이 자연스럽게 녹아들었다. 바닥은 옹이의 결이 뚜렷한 광폭의 오크 원목마루를 선택하여 고즈넉한 정취를 더하고, 나무가 포인트로 들어간 중문, 벽 등에도 바닥과 같은 소재를 적용해 통일감을 살렸다. 벽면은 관리 쉬운 도배 마감을 하되, 도장과 같은 질감과 퀄리티를 내기 위하여 몰딩, 배선기구, 각종 프레임, 기타 디테일한 부분까지 많은 신경을 기울였다. 천고가 생각보다 낮아 메인 조명을 얇은 라인(Line) 조명으로 설계하고, 낮은 천고의 1㎜까지도 아껴 단열 및 에어컨 매립을 하는 등 천장의 디자인을 최소한으로 줄이고 도장 마감을 하였다. 요리하는 아내가 오랜 시간을 보낼 주방도 쓸모와 기본에 집중하여 존재감을 드러낸다. 특히 싱크대는 차분하고 자연스러운 무늬의 천연대리석을 사용해 군더더기 하나 없이 간결한 공간을 만드는데 한몫했다. 오래 거주할 집이기에 단기적인 유행에 편승하는 자재는 최대한 배제하고, 몇몇에 포인트만 주어 콘셉트를 강조한 집. 남편이 만든 큰 바탕 위에 아내의 남다른 감각이 더해져 집은 더욱 빛을 발한다.

Living Room & Dining Room

마감재를 화이트로 통일하고 원목마루 등을 더해 밝고
화사한 거실을 완성했다. 모든 창이 한강 조망권이라 아
파트임에도 답답하지 않다. 구석구석 한옥의 느낌을 좋
아하는 부부의 취향이 고스란히 드러나는데 다이닝 공
간과 거실 사이 간살 파티션 또한 그중 하나다.

Kitchen

철거할 수 없는 내력벽은 주방과 거실 두 공간을 분리해주는 동시에 예쁜 그림 액자를 걸 수 있는 갤러리가 되어준다. 11자 동선의 주방은 요리를 즐기는 아내를 배려해 공간을 넓히고, 자주 쓰는 그릇과 조리 도구 등을 보관하기 좋은 상·하부장과 팬트리를 추가로 마련했다.

BEFORE

AFTER

Master Bedroom

부부 침실 창가에는 툇마루를 두었다. 하루의 마지막을 보내며 두 사람이 조용히 이야기를 나눌 수 있는 티룸으로서의 역할을 하는 공간이다. 침실 옆 욕실은 건식으로 사용할 수 있도록 수납이 넉넉한 하부장을 두고 조명을 달아 차분하고 아늑한 파우더룸을 겸용한다.

Space Point

현관을 빛내는 여닫이형 중문
한지와 우드 프레임으로 제작한 중문. 노출
된 하드웨어 부분을 바닥재에 맞춰 마감해
잘 보이지 않는 부분에도 깔끔함을 더했다.

용도에 따라 분리한 욕실
부부 침실 내 파우더룸 겸 욕실 공간. 세면대
와 샤워실, 화장실을 각각 분리하고 편리한
동선을 구현하는 데 집중했다.

아내를 위한 가변형 상부장
상부장에 설치한 접시 꽂이. 청소는 물론, 그
릇을 꺼내기도 편리해 실용성과 수납력을
동시에 만족시켰다.

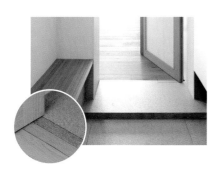

30

늘 머물고 싶은 집

A HAPPY LIFE

Interior Source

대지위치 경기도 화성시

거주인원 4명(부부+자녀2)

건축면적 155㎡(47평)

내부마감재 벽-벤자민무어 친환경
도장(거실), LG하우시스 Z:IN 벽지(방)
/ 바닥-팀세라믹 포세린 PO.COMBLA
600×1,200(거실), 구정 온돌마루 프라하
비잔틴 그레이 헤링본(방)

주방 타일 팀세라믹 포세린

주방 가구 제작 가구(우레탄 도장+
칸스톤 아틀란틱그레이)

조명 주방-펜던트 VERPAN MOON
LAMP / 현관-대광조명 크리스탈
신주 2등 벽등 / 안방-까사인루체
MARINA_BRUSSED BRASS / 아이방-
SS-37W 독서등 / 서재-르위켄 밤트 시몬
펜던트 / 계단-대광조명 스톤마블

책상 컴프프로

중문 이노핸즈 화이트 간살 도어

붙박이장 제작 가구(아이보리 PET)

실링팬 에어라트론

설계·시공 홍예디자인 02-540-0856

blog.naver.com/only3113

사진 진성기(쏘울그래프)

집이란 공간을 통해 가족과 다양한 추억을 쌓아가고 싶다는 바람이 생긴 후 여러 인테리어 업체의 포트폴리오를 비교하고 후기를 찾아보며 고민했다는 부부. 그리고 그중 가장 신뢰가 갔던 홍예디자인에 설계를 맡기로 하고 2개월간의 공사가 진행되었다.

2개의 욕실을 제외한 전체적인 리모델링이었다. 가족의 취향과 필요 요소를 최대한 맞추되, 네 식구가 모두 사용하기 편리한 공간으로 바꾸고자 설계·시공에 노력을 기울였다. 짐 많은 가족의 우선순위 요구사항이었던 '충분한 수납공간'에 대한 배려는 현관에 들어서면서부터 시작된다. 일단 현관 한쪽 벽면을 모두 수납장으로 할애하고 자칫 답답해 보일 수 있는 점을 고려해 중문은 주위 색상과 통일한 화이트 컬러의 간살 슬라이딩 도어를 달았다.

현관 너머 긴 복도를 지나면 넓은 거실과 주방을 마주하게 된다. 관리와 정리가 쉽도록 거실은 군더더기 없이 간결하게 마감하고, 가벼운 모노톤의 가구와 패브릭으로 무게감을 덜어냈다. 특히 주방은 구조 변경으로 수납을 극대화한 장소. 효율적인 동선과 수납이 중요한 곳인 만큼 넓고 긴 아일랜드 식탁을 가운데 두고 3면 모두 정리와 보관에 최적화될 수 있게 수납에 대한 공간 계획에 공들였다. 덕분에 주방용품이나 그릇을 적절히 숨겨 쾌적하고 정돈된 주방을 완성할 수 있었다.

불필요한 가구가 없이 단정한 인테리어는 부부 침실에서도 도드라진다. 옷과 이불 등은 붙박이장과 드레스룸에 깔끔히 정리하고 오롯이 쉼의 공간이 될 수 있게 장식적인 요소는 최대한 배제하였다.

5살, 8살 형제의 방은 두 개의 실을 기능적으로 분리해 침실과 공부방으로 나눴다. 두 방 사이에는 필요에 따라 여닫을 수 있는 슬라이딩 도어를 설치하여 함께 쓰는 공간인 만큼 각자의 활동에 집중할 수 있게 구성해주었다.

이 집에서 또 하나 눈에 띄는 점은 아파트임에도 다락을 갖추고 있다는 것. 창고로만 사용되던 곳을 한쪽에는 휴식을 위한 온기가 감도는 공간으로, 다른 한쪽은 아이들의 신나는 놀이 공간으로 꾸몄다. 물론 계절 용품과 장난감 등을 보관할 수 있는 넉넉한 수납장도 잊지 않고 마련했다.

Living Room

현관부터 거실, 주방 등 집의 중심 공간까지 길게 뻗은 복도를 따라 들어서면 깨끗한 화이트 색상을 배경으로 톤을 유지한 공간들이 모든 가구, 소품들과 함께 은은하게 조화를 이루고 있다.

Bedroom

부부 침실에는 베이지 빛 무드가 가득하다. 바닥은 헤링본 패턴 시공으로 온기를 더하고,
벽면엔 붙박이장을 제작해 공간 효율성을 높였다.

BEFORE

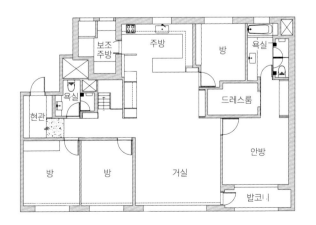

AFTER

Kids room

아직 어린 형제를 위해 두 개의 방을 침실과 공부방으로 분리하되, 그 사이에는 거울이 부착된 슬라이딩 도어를 달아 두 공간을 함께 사용할 수 있도록 했다. 침실에는 딱딱한 모서리가 있는 침대 헤드를 두는 대신 청록색 투톤 도장으로 벽을 마감하여 간결하지만 뚜렷한 인상을 주었다. 침실과 연결된 공부방에는 성장하는 아이들을 위해 높이 조절이 가능한 책상을 놓았다.

Attic

원목 가구아 라탄 소품을 배치해 이국적인 분위기를 연출한 다락. 맞은 편에는 아이와 친구들이 함께 놀 수 있는 아지트 공간을 마련해뒀다. 수납장 안에 숨겨진 침대가 이곳의 포인트다. 다락으로 오르는 계단실 벽 한쪽에 큰 개구부를 두어 개방감을 살렸다.

Space Point

주방 옆 알파룸
주방의 아치형 게이트 안쪽에는 엄마의 서재로 구성한 알파룸이 자리한다. 커튼과 조명만으로도 아늑한 분위기가 연출되었다.

실용적인 침대 헤드
부부 침실에서 유독 시선을 끄는 침대 헤드는 선반과 조명의 역할을 겸하며 디자인과 실용성을 동시에 충족하는 침실을 완성해준다.

수납형 벤치가 있는 현관
밝고 깔끔한 화이트 톤의 현관. 큰 수납장 사이에 설치한 벤치는 아이들이 앉아서 신발을 신고 벗을 때 용이하다.

31

평창 S빌라의 변신

SUSTAINABLE INTERIOR

Interior Source

대지위치 서울시 종로구

연면적 198㎡(60평)

건물규모 지하 1층, 지상 1층

내부마감재 벽-석고보드 위 도장,
실크벽지 / 바닥재-이건원목마루

창호재 이건 알루미늄 시스템 창호

욕실 및 주방타일
테라조(세일트레이딩)

주방가구 및 붙박이장 진연

수전 및 욕실기기 아메리칸 스탠다드

조명 Flos, Foscarini

중문 오크무늬목 제작

침실 가구 마호가니 원목 제작

식탁 오크무늬목 상판, 테라조

시공 ㈜디자인스튜디오 우리

설계담당 김수경

설계 김현대(이화여자대학교),
Tectonics Lab 010-8637-5510

www.tectonicslab.com

사진 신경섭

평창동 S빌라는 북한산 아랫자락에서 30년의 긴 세월 동안 누군가의 아늑한 안식처가 되어온 곳이다. 옛 집의 오래된 적벽돌과 기와지붕이 풍기는 고색창연함은 산세가 만들어내는 수려한 풍경과 어우러져 온화한 인상으로 들어서는 이를 정답게 맞이한다. 안에서 마주하는 길게 트인 거실은 집 안 가득히 자연을 끌어들인다. 북악산을 바라보고 아담하게 자리 잡은 마당과 벗나무가 드리우는 거실, 목련나무가 그림처럼 걸린 안방과 북한산을 벗삼은 욕실은 옛 집이 오랜 시간 주변의 자연과 동화되며 그려낸 한 폭의 풍경화이다.

공간에 중심이 되는 재료는 테라조(Terazzo). 시간의 우연성을 담은, 작고 다양한 형태의 자연석이 퇴적되어 만들어진 조화로운 물성의 재료인 테라조는 집의 중심이자, 가족이 모여 삶을 공유하고, 따뜻한 식사 한 끼를 나누는 공간 등에서 일상의 즐거움을 감싸는 배경이 된다. 집 안에 들어서면 목재로 정교하게 짜낸 세살문이 정답게 손님을 맞이하고, 바닥에 차분히 깔린 원목마루는 집 안으로 내딛는 발걸음을 포근히 감싼다. 집의 은은한 바탕이 된 목재는 독립적인 오브제로 사는 이의 일상을 풍요롭게 한다. 침실 가운데에 놓인 마호가니 원목 침대는 창가에 핀 순백의 목련꽃, 그리고 곧게 자란 고목 나무와 함께 포근한 잠자리를 만들어준다. 서재의 중심에 곧게 자리한 정방형의 마호가니 책상은 시간의 흐름과 함께 지혜와 학문의 깊이를 더해갈 것이다.

공간의 하얀 여백은 자연의 다채로움과 시시각각 변하는 빛의 변화를 머금으며 그 자체가 삶의 풍경이 된다. 테라조와 목재의 색채 그리고 질감을 머금으며 이를 한 공간 안에서 조화롭게 녹여내는 여백은 단순히 비워진 것이 아닌, 그 자체로도 본연의 색조와 분위기를 가진 재료가 된다. 간소하게 비워낸 공간의 중심에는 최소한의 기능을 담은 구심형 공간으로 집에 대한 본질적인 가치를 일깨웠다. 예를 들어 침실에는 오직 침대만이 공간의 중심에 위치, 어떠한 것에도 간섭받지 않고 오롯이 편안한 휴식을 위한 공간이 된다. 이렇듯 각 공간에 부여된 기능적 경계는 의도된 단순함 속에서 본연에 충실한 삶을 가능케 한다. 또한 기능적 경계는 다양한 층위의 빛에 의해 극대화되거나 흐려져 공간의 분리와 통합을 이루어낸다.

Living Room & Dining Room

정원을 향해 높게 트인 거실 천장은 집 안 가득 자연을 끌어들이며, 정제된 선이 만들어내는 하얀 여백은 자연의 다채로움과 시시각각 변하는 빛의 변화를 머금는다. 다이닝 공간은 따뜻한 색조의 오크무늬목과 차분하고 묵직한 테라조, 그리고 콘크리트 펜던트 조명에 의해 완성된다.

1 F

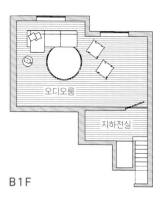

B1F

Family Room

작은 창을 통해 자연광이 스며드는 지하 오디오룸은 부부의 놀이터이자 재충전의 공간이다. 넓게 비워
둔 공간에 따스하고 편안한 느낌의 가구로만 꾸며, 아늑한 휴식처가 되어준다.

Bathroom

욕실 전체를 감싸는 테라조의 강렬함과 오크의 따뜻한 차분함이 조화를 이룬다. 창 너머 북한산을 벗삼은 욕실은 테라조가 빚어낸 생명력으로 충만하며, 하루 일과에 지친 몸을 씻는 이에게 자연의 기쁨을 선사한다.

Space Point

공간의 연속성을 위한 히든 도어
거실과 다이닝 공간을 연결하는 긴 벽면은
도어힌지와 프레임을 숨긴 디테일에 의해
연속된 배경을 제공한다.

테라조로 제작한 식탁
공간 곳곳에 사용된 테라조를 식탁에도 사
용, 가족이 모여 식사를 하고 일상을 보내는
메인 공간으로서의 다이닝룸을 완성했다.

32

공간 분리와 재구성으로 효율성을 잡다

HELLO, HAPPINESS

Interior Source

대지위치 대전시 유성구

거주인원 3명(부부+자녀1)

건축면적 171.88m²(51.99평)

내부마감재 벽-삼화페인트

아이사랑(거실, 복도), LG하우시스 베스띠

벽지 / 마루-노바 원목마루 ST

욕실 및 주방 타일 포세린 수입 타일

수전 등 욕실기기 아메리칸스탠다드,

크레샬, 새턴바스, 카탈라노

주방 가구 제작(무늬목 도어), 블럼

하드웨어

주방 상판 아일랜드-토탈석재 빅슬랩 타일

조명 포시즌 조명, 밝은빛 조명,

jjrism 다운라이트, 루이스폴센 Patera

Pendant(식탁)

스위치·콘센트 벨로, 융

중문 월넛 원목 슬라이딩

도어(월넛+유리), 위드지스 글라스

슬라이딩 도어(교구방)

파티션 월넛원목 간살(다이닝), 오크

원목 프레임+라탄(안방)

방문 제작(무늬목 도어), 모티스 도어락

붙박이장 자체제작 가구(패트 도어)

시공·설계 스탠딩피쉬 디자인

010-4849-2399 ⓞ standing_fish

사진 진성기(ㅆ울그래프)

넓직한 평수의 아파트로 새로운 보금자리를 얻은 가족. 비록 오래됐지만, 단지 내 차가 다니지 않아 아이에게도 안전하고, 잘 가꿔진 조경과 창 너머로 보이는 아름다운 조망이 이곳을 선택한 이유였다.

이번 리모델링의 핵심은 '공간의 분리와 재구성'이다. 이전에 살던 집에서는 부부와 아이의 공간이 명확히 분리되지 않아 세 식구 모두 생활하는 데 불편함을 겪었다. 우선 공간을 분리할 때 최대한 아이를 배려하길 바랐다. 독립적인 공간 개념을 심어주는 동시에 가족의 주요 동선인 거실과 주방이랑 가까웠으면 좋겠다는 의견도 전했다. 부부의 요구에 따라 거실과 인접한 기존의 안방과 드레스룸을 아이의 교구방과 서재로, 맞은편 방은 아이의 침실로 새롭게 구성했다. 드레스룸을 터 한층 넓어진 교구방은 교구 보관이 용이한 수납장을 양 벽면에 밀착해 아이가 충분히 놀 수 있는 공간을 마련했고, 입구에는 유리 슬라이딩 도어를 달아 복도와 분리되는 동시에 개방감을 주었다. 덕분에 아이는 열린 공간에서 마음껏 놀이를 즐길 수 있고, 부부는 언제든 그 모습을 투명한 유리를 통해 볼 수 있게 되었다.

아이의 공간만큼이나 부부가 머물 장소에도 디자이너의 세심한 배려가 묻어난다. 복도 끝 2개의 작은 방을 안방으로 바꾸면서 먼저 두 방을 나눴던 기존 가벽을 허물었다. 각각의 방은 부부의 침실과 서재를 포함한 드레스룸으로 꾸몄고, 자연스럽게 동선을 이어 하나의 공간으로 완성했다. 복도와 경계를 이루는 입구에는 월넛 소재의 간살 슬라이딩 도어를 달았다. 집들이를 온 지인들이 가장 많이 언급하는 이 집만의 시그니처 포인트가 되었다고.

각 방을 잇는 복도를 지나면 군더더기 없이 깔끔하게 펼쳐진 거실과 주방을 만난다. 하얀 벽면과 조화를 이루는 원목 소재의 마루와 파티션이 따뜻하고 안락한 분위기를 연출하고, 간소하게 배치된 블랙 컬러의 가구들이 무게를 잡아준다. 주방은 전업주부인 아내를 고려해 특별히 신경 쓴 공간. 편리하고 실용적인 주방을 원했던 아내의 요구에 기존 주방 아일랜드 위치를 변경하고 면적을 늘렸다. 주방과 이어진 거실, 세탁실과의 동선을 아일랜드가 구분해 전보다 훨씬 효율적인 공간 사용이 가능해졌다.

Living Room & Kitchen

거실과 주방의 풍경. 각각의 공간이 같은 동선상에 있지만, 파티션과 아일랜드가 구획을 나눈다. 고급스러운
빅슬랩 타일로 마감된 아일랜드 주방 상판 덕분에 주방 공간이 한층 편리하고 실용적으로 완성됐다.

Kids Room

거실과 인접해 있는 두 개의 방을 아이의 교구방과 서재 그리고 침실로 배치, 아이에게 독립적인 공간 개념을
심어주는 동시에 가족들의 동선과 동떨어지지 않도록 배려했다. 아이의 교구방에는 장난감과 교구 등이 수납
장에 깔끔하게 정돈되어 있다. 또 침실에는 아이가 잠에 집중할 수 있도록 최소한의 가구만 배치했다.

Master Bedroom

복도 끝에 위치한 [ ]은 방을 하나로 연결해 부부를 위한 공간으로 완성했다. 부부의 침실은 우드 화이트 콘셉트[ ]미고 한쪽에는 같은 톤의 화장대를 두어 분위기를 맞추었다. 침실과 이어진 드레스룸과 서재에[ ]같은 컬러의 가구를 배치해 한 공간이지만, 분리된 느낌을 준다.

BEFORE

발코니

방 방 주방

방 거실

욕실

현관 드레스룸 안방

욕실

AFTER

드레스룸 주방

안방 방

거실

욕실

현관 교구방

욕실 아이 서재

Space Point

홈바를 품은 다이닝

간살 파티션으로 거실과 구분된 다이닝룸. 기존 발코니를 확장해 넓힌 공간으로, 빌트인 형식의 김치·와인 냉장고를 배치해 미니 홈바를 완성했다.

아이를 위한 욕실

아이의 키를 고려해 세면대 높이를 조정했고, 그외 원목 수건봉, 타조알 거울 등으로 디테일을 가미했다.

33

따스한 감성을 담은, 낡은 주택 개조기

SHALL WE MAKE IT?

Interior Source

대지위치 서울시 강남구

거주인원 3명(부부+자녀1)

건축면적 323.6㎡(98평)

내부마감재 벽-벤자민무어 친환경
도장, LX지인 벽지 / 바닥-오크 브러쉬
원목마루

욕실 및 주방타일 두오모 외 수입타일

수전 등 욕실기기 quadro,
아메리칸스탠다드

주방가구 제작(도장도어), 블럼하드웨어

조명 루이스폴센

스위치 및 콘센트 융, 르그랑

중문 금속 프레임+투명유리 제작

방문 제작(필름도어), 모티스도어락

붙박이장 자체제작 가구(도장도어)

계단재 오크 집성목

시공 및 설계 티티티 웍스 010-4955-
5185 ⓞ ttt.works

사진 티티티 웍스

주택에서의 삶은 아파트에서와는 사뭇 다르다. 그것이 비록 건축이 아닌 리모델링이라 하더라도 변화의 가능성은 무궁무진해진다. 결혼 후 아파트 생활만 하던 부부가 아파트의 편리함을 뒤로 하고 율현동에 집을 마련하게 된 계기도 그것이다. 가족을 위한 다채로운 공간을 담아낼 수 있다는 것. 게다가 숲 옆에 자리하고 있어 자연의 내음도 만끽할 수 있겠다 싶었다.

주택으로의 이사는 부부에게 있어 큰 변화였다. 단지 주거생활의 변화가 아닌 삶을 대하는 방식의 변화라고나 할까. 다닥다닥 붙어 있는 아파트에서의 일상과 숨 가쁘던 일정에 지쳐갈 무렵, 부부가 선택한 돌파구는 캠핑이었다. 주말마다 자연에서 시간을 보내고 나면 충전되던 에너지. 자연스레 주말만 기다리던 남편은 결국 취미를 일로, 캠핑카 관련 사업을 시작하게 되었다. 그와 동시에 거주지 역시 도심과 가까우면서도 숲세권인 이곳에 자리를 잡게 됐다.

새로운 일상으로의 시작은 언제나 설레는 법이다. 그 시작점에 있던 이 집과의 첫 만남은 어떠했을까. 곰팡이가 잔뜩 피어 있던 낡은 원목 섀시와 벽지, 습하고 어두워 버려진 듯 보였던 지하공간. 하지만 그러한 겉모습 뒤로 스킵플로어 설계의 공간들이 재미있었고 무엇보다 새로운 공간에 대한 기대감이 솟아났다. 미대 출신의 아내는 낡은 건물 속에서 신선한 가능성을 엿보았고 대학 동기인 티티티 웍스의 이자영 실장과 함께 따스한 감성 인테리어를 실현하고자 했다. 우선 아파트의 답답한 공간에서 벗어나고자 주택을 선택했던 터라, 이곳에서만큼은 양껏, 넉넉하게 공간을 구성하길 원했다. 또 넓은 공간이지만 방치되는 곳 없이 가족들의 발길이 자주 스치고 머물고 싶은 공간들로 완성되길 바랐다. 캠핑을 즐기는 가족답게 많은 짐을 보관할 수납공간이 필요했고, 오래 살 집인 만큼 유행을 타지 않는 디자인 그리고 기존의 가구와 조명에 어울리도록 공간을 연출해야 했다. 이자영 실장은 청소를 하루에 두 번 할 만큼 깔끔하고 부지런한 성향의 부부를 위해 군더더기 없이 모던한 스타일로 방향을 잡았다. 그리고 주택만이 누릴 수 있는 높은 천장고와 넓은 창을 적극 활용, 개방감과 탁 트인 시야를 확보했다. 평면 계획 시에는 실별 동선을 최소화하면서 여유로운 거실과 주방 그리고 아이를 위한 공간들을 구획했다.

Living Room & Kitchen

1층에는 가족이 가장 많은 시간을 보낼 거실과 주방, 다이닝룸을 두되 스킵플로어 형식으로 주방과 거실이 자연스레 단차로 분리되는 구조다. 두 공간 사이에 있던 기존의 내력벽을 철거해 답답했던 구조에서 탈피, 한결 여유로운 공간으로 새롭게 구성했다. 특히 벽면의 넓은 팬트리와 아일랜드 테이블을 둬 공간이 한층 쾌적하고 넓어 보인다. 주택만이 누릴 수 있는 아이템, 벽난로는 구로철판으로 선반을 제작해 한층 세련된 공간으로 완성했다.

Study Room

1층과 2층 사이에 위치해 가족 서재겸 공부방으로 사용 중인 1.5층에는 부피가 큰 가구 대신 레어로우 시스템 가구와 선반을 활용해 공간에 효율성을 높였다. 알록달록한 컬러감을 살려 공간이 재미있다.

Bedroom & Dress Room

2층은 좀 더 프라이빗한 공간으로 안방과 아이방을 두고 2.5층에는 많은 옷을 수납하기 위해 넉넉한 드레스룸을 뒀다. 충분한 수납과 군더더기 없는 디자인 그리고 가족이 편안하게 느낄 동선을 모두 고려해 배치한 만큼 만족도는 최상이라고.

B1F

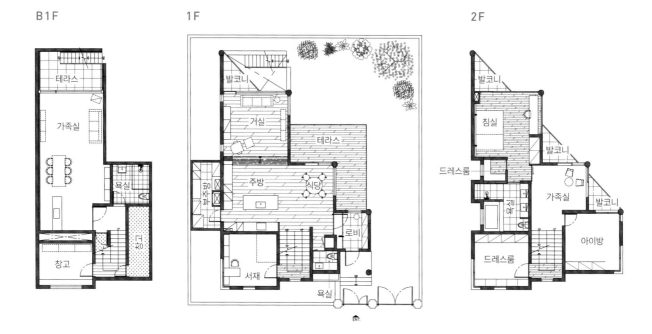

테라스

가족실

욕실

창고

더룸

1F

발코니

거실

테라스

주방

식당

로비

서재

욕실

ENT.

2F

발코니

침실

발코니

드레스룸

드레스룸

건식욕실

가족실

발코니

아이방

Space Point

심플한 레어로우 시스템 선반

인테리어 마니아들의 위시리스트에 자주 오르는 아이템. 금속성이 강조된 레어로우와 자작나무 합판이 어우러져 모던하면서도 따스한 공간이 완성됐다.

안방 욕실의 숨은 매립형 거울장

언뜻 보면 거울 액자처럼 보이지만 거울을 열면 내부에 수납장이 숨겨져 있다. 벽면에 수납장을 매립해 매끈하게 디자인한 덕에 욕실이 한결 넓고 쾌적해 보인다.

미니멀한 디자인의 테이블

테이블 우측 끝을 벽면에 고정하고 다리를 하나만 제작해 미니멀한 테이블 디자인을 완성했다. 유행을 타지 않는 마감재와 심플한 디자인의 가구가 더욱 돋보인다.

Basement_ Family Room

가족들이 일상을 보내는 곳이 지상층이라면, 여가를 보내기 위
한 히든 스페이스는 바로 지하다. 낮은 천장은 노출 형식으로
최대한 높이고, 밝은 컬러의 벽돌과 자작나무 합판으로 마감한
감성적인 곳. 평소 와인과 위스키를 즐기는 부부를 위한 공간
이다. 기존에는 습하고 어두워 버려지다시피 했던 곳이었지만,
이젠 아니다. TV와 편안한 소파 그리고 넓은 테이블까지 마련
되어 있어 가족실로도 파티룸으로도 손색이 없다.

34

집이 가져다준 것,
미니멀 라이프

—

STAY MY HOME

대지위치 성남시 분당구

거주인원 3명(부부+자녀1)

건축면적 155.42m²(47평)

내부마감재 벽-제일벽지, 삼화페인트 /
바닥-이건마루 제나텍스처 티크

욕실 및 주방 타일 윤현상재 수입타일

욕실기기 더존테크 하프단, 대림바스, 아메리칸스탠다드

주방 수전 그로헤 민타

다이닝룸 슬라이딩 도어 케이디우드테크, 에버히노끼 찬넬 루버
위 삼화 투명도장

주방 상판 테라조(세일트레이딩)

조명 루이스 폴센 플로어 램프, 비타 코펜하겐 Asteria Pendant,
앤트레디션 FLOWER POT Pendant

안방 실링팬 머케이터시티 DC

중문 목재 도어+삼화페인트 도장+플루트라이트 유리

방문 목재 도어+삼화페인트 도장

붙박이장 LPM 도어 제작

디자인·시공 카멜레온 디자인 02-6080-2281 www.chameleon-
design.co.kr

사진 카멜레온 디자인 제공

지은 지 27년 된 아파트는 세 식구가 살기에 부족함 없는 공간이지만, 그 면적이 무색할 정도로 복잡하고 답답했다. 지난 세월과 생활의 흔적이 역력했고 심지어 천장은 노후화로 부서지는 부분도 있었다. 삶에 맞춘 재정비가 필요한 시점이었다. 건축주는 화이트 톤의 밝고 깨끗한 집을 원했기에 자연스럽고 따뜻한 우드톤이 가미된 '소프트 미니멀리즘'으로 전체적인 방향을 잡았다.

가장 드라마틱한 변화를 맞이한 곳은 과감한 구조 변경을 단행한 주방과 다이닝룸. 전면을 가로막던 발코니를 철거하고 싱크대와 조리대 공간을 옮겨온 후, 다이닝룸과 연결해 대면형 주방으로 구성했다. 불필요한 벽은 최대한 없앴지만, 내력벽이라 철거가 불가능한 벽체는 디자인 요소로 재탄생시켰다. 대칭으로 기둥을 하나 더 세워 양쪽 벽을 템버보드로 마감하고 흰색으로 도장해 조리대 지지벽으로 탈바꿈시킨 것. 양쪽 벽에 고정된 하부장은 아랫부분을 바닥에서 띄워 시공해 시각적으로 한층 시원해 보인다. 또한, 동선의 편리함을 위해 냉·온수 배관을 이설하여 다용도실을 조리대 안쪽에 새로 꾸렸다.

화분을 많이 키우는 터라 거실 발코니는 확장하지 않고 폴딩도어를 설치해 언제든 활짝 열 수 있게 했다. 절제된 웨인스코팅 벽면은 미니멀한 공간에 포인트가 되어준다. TV가 없어 소파와 테이블 배치가 자유로운 것도 장점. 대신 주방 쪽 벽을 스크린으로 활용할 수 있다. 드레스룸을 별도의 방으로 만들기는 했지만, 침대만 놓기에 꽤 큰 면적의 안방에는 가벽을 이용해 수납공간을 마련했다. 침대 헤드 쪽에 세운 가벽은 안정감을 주고, 뒤편 붙박이장 공간을 양쪽으로 오갈 수 있게 해 활용도를 높였다. 자녀방 역시 가벽을 세워 수납과 수면 공간을 분리하되, 가벽에 아치형 창을 내어 환한 빛이 깊숙이 들도록 했다.

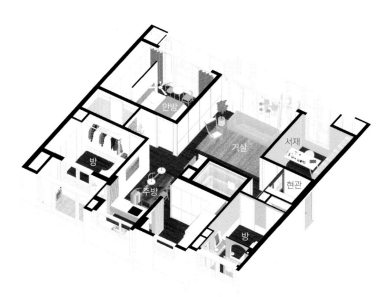

Kitchen

주방은 비내력벽을 모두 철거하여 시원한 공간감을 확보하고, 한층 넓어진 다이닝룸과 조리 공간을 대면형으로 구성했다. 덕분에 주방 조리대에 서면 다이닝룸부터 거실까지 한눈에 들어온다. 예전 싱크대 자리에는 키큰장과 냉장고 빌트인 가구를 짜 넣어, 군더더기 없는 디자인과 넉넉한 수납 효과를 동시에 노렸다.

Space Point

슬라이딩 도어 내부 비밀 수납

다이닝룸 한쪽 벽에 넉넉한 수납공간을 만들었다. 포인트가 되는 원목 슬라이딩 도어는 댐핑레일로 부드럽게 열고 닫힌다.

벽으로 감춘 거실 기계함

웨인스코팅 벽면 일부를 세심한 목공 작업으로 문처럼 개방할 수 있게 했다. 안에는 아파트 점검에 필요한 요소들이 숨어 있다.

디자인 요소로 활용한 주방 내력벽

주방은 남은 내력벽을 디자인 요소로 활용했다. 기둥 하나를 추가하여 조리대를 만들고 인덕션 하부장을 바닥에서 띄워 제작하였다.

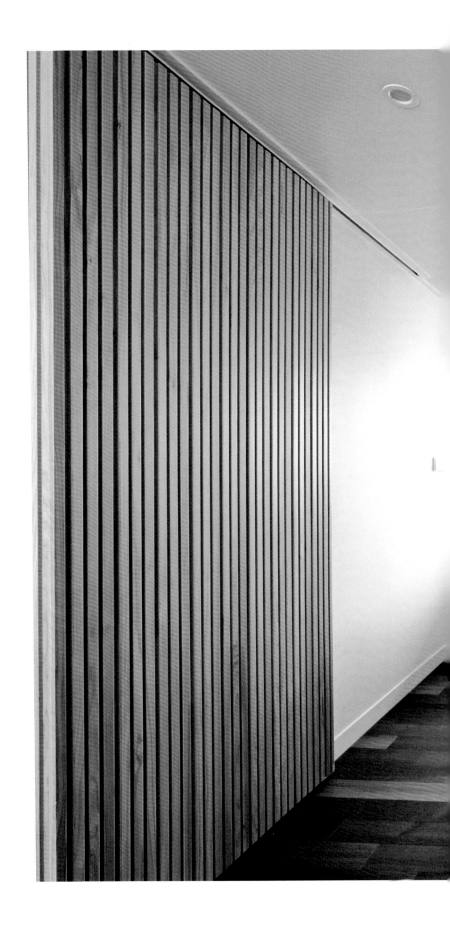

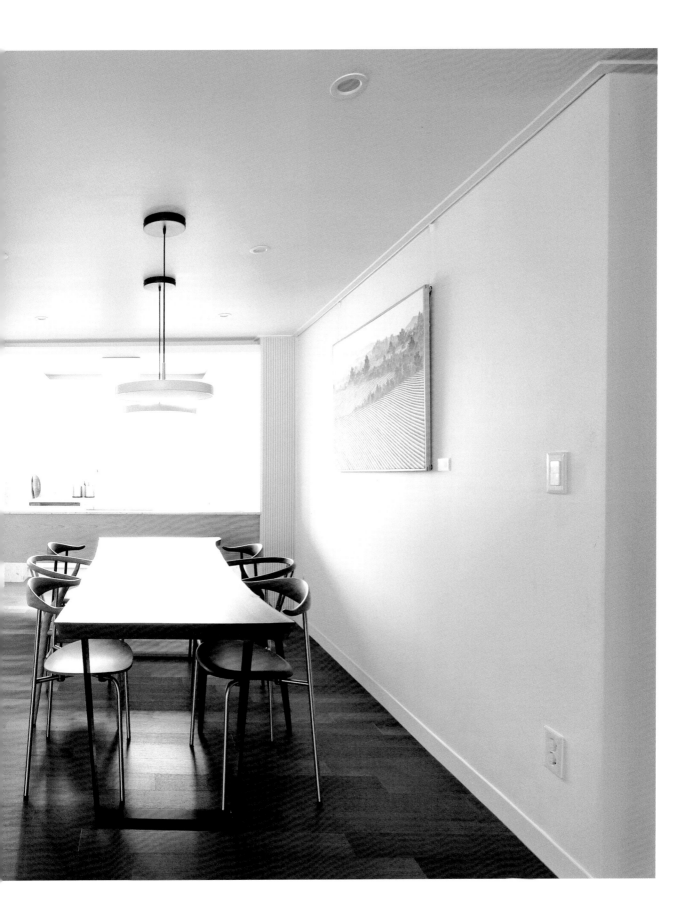

Bedroom

비교적 넓은 안방은 한가운데 침대를 놓고 헤드 쪽에 가벽을 설치했다. 가벽 뒤 붙박이장 공간은 양쪽 통로를 통해 편하게 드나들 수 있다. 햇빛이 은은하게 들어오는 창가에는 테이블과 의자를 두어 작은 서재 공간을 마련했다.

Kids Room

사랑스러운 색감의 투톤 벽지로 마감한 아이방은 발코니를 확장해 창호 교체, 이중단열, 난방공사를 진행하고 가벽을 세워 드레스룸과 간이 화장대를 만들었다. 가벽에는 아치형 창을 내어 채광을 충분히 확보했다. 침대 옆 펜던트 조명 아래에는 협탁 대신 무지주 선반을 제작했다.

35

취향과 편리함,
모두를 만족시킨 집

OUR SWEET HOME

Interior Source

대지위치 서울시 서초구

거주인원 4명(부부+자녀2)

건축면적 200m²(60.5평)

창호재 LG하우시스 슈퍼세이브3 단창(지인유리 T24)

내부마감재 벽-LG하우시스 벽지, 벤자민무어 친환경 도장 /
바닥-LG하우시스, 마지오레 원목마루(거실, 주방, 안방), 이건
온돌마루(아이방)

욕실 및 주방 타일 윤현상재, 티앤피

수전 등 욕실기구 아메리칸스탠다드, 제이바스, 더존테크

주방 가구 미크래빗 제작

조명 필립스 매입등

중문 유리도어 제작

방문 기존 도어 재사용

시공·설계 olh studio 노경륜 010-2944-9927 blog.naver.com/
noh0408

사진 진성기(쏘울그래프)

한 번 리모델링에서 씁쓸한 맛을 보았다면, 다시 용기 내어 도전하기란 쉽지 않은 일이다. 가족에게 옛집에서의 리모델링은 설레는 과정이라기보다 어수선하고 불편한 기억으로 남아 있었다. 하지만, 가족은 이번에야말로 취향을 담은, 편리하게 지낼 수 있는 집을 만들어보자고 결심했다. 리모델링에 앞서 가족이 가장 우려한 부분은 주방의 벽체였다. 벽으로 둘러싸인 공간 탓에 집 안은 전체적으로 어둡고 답답한 인상을 주었다. 각 방마다 딸린 발코니 역시 아쉬웠다. 거실을 제외한 모든 방에 발코니가 있었는데, 차지하는 크기가 작지 않아 공간을 제대로 활용하기 어려웠고, 발코니도 고스란히 버려지는 공간으로 남았다.

대대적인 구조 변경이 불가피한 상황이었다. 오랜 고심 끝에, 현관을 들어서자마자 보이는 커다란 벽체부터 손을 봤다. 벽체를 최소한만 남기고 원형 기둥으로 만들자, 집 안의 답답한 느낌은 덜어지고 오히려 심미성을 띤 구조물이 들어선 효과를 얻었다. 덕분에 답답하게 막혀 있던 주방은 개방적인 공간이 되었고, 이전보다 자유로운 동선을 그릴 수 있었다. 집의 모든 발코니는 확장하면서 공간이 더욱 넓어지고 효율적으로 바뀌었다. 또 거실의 소파 겸 벤치, 주방 안쪽의 인출식 서랍 등 휴식 공간 및 수납공간을 새로 만들어 집 안을 보다 쾌적하게 만들었다. 이렇게 벽체와 발코니를 잡으니 집을 처음 리모델링하기로 마음먹었을 때 가족이 목표로 했던 '시원시원하고 넓어보이는 집'이 자연스레 따라왔다. 실내는 전체적으로 화이트톤으로 꾸며 깔끔한 분위기가 살아났다. 여기에 템바보드와 라운드 형태의 디자인 요소들로 포인트를 더해 밋밋하지 않은 인테리어를 완성했다. 가족실, 안방의 드레스룸과 욕실 등 곳곳에 유리 도어를 설치한 것도 특징적이다. 이를 통해 각 공간은 기능적으로 분리되면서도 열린 시선으로 이어진다.

Living Room & Kitchen

주방을 가로막던 벽을 철거하면서 덩달아 탁 트인 공간이 된 거실은 깔끔한 화이트톤으로 걸레받이와 몰딩 없이, 도장 같은 느낌의 도배로 마감했다. 주방은 발코니를 확장해 새롭게 구조를 잡았다. ㄷ자 아 일랜드를 만들고 뒤쪽으로는 높은 장을 제작해 수납성을 확보했다.

Master Bedroom

입구에서부터 개방감이 느껴지는 안방. 이번 프로젝트에서 가장 구조가 많이 바뀐 공간이다. 공간은 분리되지만, 하나의 큰 방처럼 느껴지도록 안방과 드레스룸 사이에는 유리 도어를 사용했다. 안방의 욕실 역시 확장된 느낌을 주기 위해 유리 벽으로 시공, 커튼을 쳐 복도로부터 시선을 차단할 수 있다.

BEFORE

AFTER

Family Room

그레이와 블랙으로 조화를 이룬 가족실. 발코니를 확장한 곳에는 단차를 주어 평상용 좌식 공간을 마련, 편하게 앉아 독서를 하거나 영화를 보는 등 자유로운 여가시간을 보낼 수 있다.

Space Point

디테일을 살려주는 템바보드
안방 벽부터 거실 기둥, 욕실 제작장까지 템바보드를 적용해 디테일을 살렸다.

복도에 설치한 팬트리룸
작은 드레스룸을 복도로 만들면서 한쪽에 수납이 용이한 팬트리룸을 마련했다.

36

여백과 쉼이 느껴지는 타운하우스

MODERN, MINIMAL AND SCULPTURAL DESIGN

Interior Source

대지위치 김포시 운양동

거주인원 4명(부부+자녀2)

건축면적 142.14㎡(43평)

내부마감재 벽-벤자민무어 친환경 도장,
LX하우시스 실크벽지 / 바닥-1층 공간D
수입타일, 2층 구정 강마루

욕실 및 주방 타일 공간D 수입타일

수전 등 욕실기기 도기-아메리칸스탠다드
/ 수전-그로헤민타, 아메리칸스탠다드

주방 가구 제작(패트 도어, 세라믹 상판,
블럼 하드웨어)

조명 홈앤데코

스위치 및 콘센트 아남 르그랑

방문 자체 제작

붙박이장 자체 제작 가구

시공 및 설계 클로이스홈 전현주 대표,
유상미 실장 010-6636-2524

 chloeshome

사진 레이리터

바쁜 시간을 쪼개 여행을 가기보다는 집에서 여유로운 시간 보내기를 좋아하는 가족을 위한 집. 마치 여행지에 온 듯 탁 트인 쾌적한 공간이 하루의 스트레스를 날려주기에 충분하다. 타운하우스를 매수하며 부부가 원한 것은 명료했다. 자잘한 짐이나 생활용품들이 외부로 드러나지 않는 미니멀한 스타일의 개방감이 느껴지는 공간이길. 기존의 주택은 다양한 컬러가 뒤섞인 마감재로 다소 좁고 답답해 보이는 구조였다. 우선 마감재들의 컬러를 하나로 통일하고 공간에 산재되어 있던 디테일들을 모두 걷어내 개방감을 최대한 확보했다. 작업을 하며 가장 고심했던 부분은 일상적인 공간에 미니멀한 디자인을 입히는 것. 그러기 위해서는 수납이 우선되어야 했다. 편리한 수납은 거주자의 생활에 대한 완벽한 이해가 동반되어야 하기에 사전 조사를 토대로 의견을 끊임없이 조율하며 완성해나갔다.

주택은 1층, 2층이 서로 다른 무드로 연출되었는데 거실과 주방이 배치된 1층은 모던 스타일로, 침실과 가족실로 구성된 2층은 클래식한 몰딩과 조명을 사용해 화려함을 살짝 가미했다. 두 가지 다른 분위기를 담아냈지만, 통일된 컬러와 절제된 스타일의 조화로 그 어느 곳도 도드라짐 없이 자연스레 어우러진다. 1층의 주방과 거실은 모두 테라스를 바라보고 있어 어디에 머물건 단지의 아름다운 조경으로 시선이 이어진다. 평범한 일상의 편안함도 좋지만, 비워진 듯 여유로운 공간을 원했던 부부이기에 거실과 주방은 항상 정돈된 상태로 유지할 수 있도록 철저한 수납 설계가 진행된 곳이기도 하다. 계단을 오르면 2층 중앙에 가족실이 마련되어 있다. 2층의 메인 공간처럼 느껴지는 곳이지만 처음부터 그랬던 것은 아니다. 창문이 없어 어두운 복도 정도로만 느껴졌던 공간. 클로이스홈의 전현주 대표는 이 공간을 살리기 위해 과감히 방문을 유리 소재의 양문형 도어로 변경하고 계단실 난간을 유리로 제작, 내부 깊숙이 자연광이 유입될 수 있도록 했다.

아침 일찍 서둘러 아이들을 챙겨 보내고 정신없이 이어지는 출근길, 퇴근 후에도 정신없기는 매한가지다. 그런 맞벌이 부부에게 주말의 휴식이 어떤 의미일지, 군이 말하지 않아도 알 듯하다. 막히는 차 안에서 시간을 보내기보다 타운하우스에서 여유로운 주말을 시작하는 걸 택한 부부. 그들을 위해 설계된 여백과 쉼이 느껴지는 집이다.

전체적으로 면과 선으로만 이루어진 레이아웃으로 설계, 특히 5m 가까이 되는 보이드 공간이 돋보일 수 있도록 주변의 디테일을 최소한으로 해 도드라짐 없이 매끈한 공간들이 완성됐다. 여기에 조형미가 느껴지는 천장과 탁 트인 오픈형 공간 덕에 머물고만 있어도 절로 힐링이 된다.

Living Room

군더더기 없이 모던한 스타일로 디자인된 거실. 오직 편
안한 쉼을 위한 공간인 거실은 소파와 그림만으로도 공
간이 완성된다. 밋밋할 수 있는 공간의 포인트는 바로 천
장이다. 기존의 평범한 우물천장을 철거하고 조형미를
살린 천장을 제작, 단조로운 공간에 포인트가 되어준다.

Kitchen

기존의 11자 주방을 테라스뷰를 위해 ㄱ자로 변경, 설거지를 하거나 음식을 조리할 때도 외부 풍경을 바라볼 수 있게 됐다. 주방 옆으로 팬트리 겸 세탁실을 배치해 주방 가전이나 자잘한 주방용품 보관에 용이하다. 주택에서만 누릴 수 있는 탁 트인 천장과 테라스뷰 덕분에 마치 별장에 온 듯한 분위기를 즐길 수 있다.

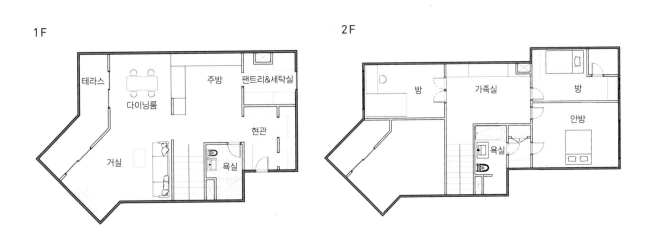

1F

테라스
다이닝룸
주방
팬트리&세탁실
현관
거실
욕실

2F

방
가족실
방
안방
욕실

Family Room

창문이 없어 어두웠던 공간이 화사한 가족실이 되었다. 좌측 방의 도어를 유리 소재의 양문형 도어로 변경하고 계단실 난간을 유리로 제작해 자연광을 유입시킨 것, 넓어진 개구부 때문에 부족해진 방의 수납은 가족실 좌우로 옷장을 제작해 해결했다. 휴식공간이면서도 공용 드레스룸이자, 아이들의 공부방 혹은 엄마의 서재 등 멀티 공간으로 활용이 가능하다.

Space Point

양문형 유리 제작 도어

2층 가족실에 자연광을 들이기 위해 채광이 좋은 방의 개구부를 확장하고 유리로 양문형 도어를 제작했다. 유리문을 통해 오후 늦게까지 해가 들어와 밝은 실내가 유지된다.

수납형 침대 제작

오롯이 휴식을 위한 공간을 연출하기 위해 덩치 큰 옷장을 두기보다 수납이 가능한 침대를 제작했다. 디테일이 돋보이는 몰딩과 손잡이를 이용해 클래식한 디자인까지 살렸다.

아이의 독서공간, 윈도우시트

애매한 구조로 자칫 버려질 수 있는 창가 공간을 윈도우시트로 살려냈다. 아이가 벽에 기대어 책을 보거나 시간을 보낼 수 있는 공간으로 안락함이 느껴진다.

37

은퇴 후의 삶, 오롯이 부부에게 집중한 공간

MY FAVORITE THINGS

Interior Source

대지위치 서울시 영등포구

거주인원 4명(부부+자녀2)

건축면적 204m²(60평)

내부마감재 벽-수성페인트
도장(벤자민무어 SCUFF-X(거실)),
실크벽지(서울벽지(각방)),
필름(안방 침대헤드 우드 부분),
세라믹 타일(안방) / 도어-필름 /
마루-원목마루(지복득마루)

욕실 및 주방 타일 주방-천연대리석
(토탈석재) / 욕실-포세린 타일
(티앤피세라믹)

수전 등 욕실기기 아메리칸스탠다드

주방 가구 키큰장, 아일랜드-817
제작(도장), 블룸 하드웨어 / 식탁-817
제작(무늬목)

조명 디에디트 조명

스위치 및 콘센트 거실-융 / 화장실
콘센트-르그랑

중문 슬라이딩 도어(위드지스)

방문 필름 리폼, 모티스 도어락

붙박이장 817 자체 제작 가구

드레스룸 유리도어장

각 방 도장가구

시공 및 설계 817디자인스페이스

🅞 817designspace_director

사진 진성기(쏘울그래프)

취향에 맞는 옷차림이 있듯, 집도 그러하다. 공간에는 그들만의 스토리가 있고 좋아하는 것들이 담기기 마련이니까. 이 새로운 보금자리에 살게 될 부부의 생각도 같았다. 단순히 새 마감재를 채워 넣고 꾸미는 것에 치중하기보단, 이곳에 살 이들에게 필요한 것들이 반영된 집이어야했다. 특히 은퇴를 앞두고 새로운 일상을 꾸려나갈 둘만의 집은 달라야 한다는 생각이었다. 그동안은 자녀들 위주로 공간을 구성했다면, 이젠 철저히 부부 중심의 공간이길 바랐다. 새로운 날들에 대한 기대감이 고스란히 담긴 집. 불필요한 것들은 비우고 부부의 취향과 니즈라는 요소들로 섬세하게 채워 넣었다.

여느 아파트와 별반 다르지 않은 구조라도 선택과 집중이라는 틀을 갖춘다면 공간에 빛이 나기 마련이다. 이 집이 그렇다. 내부로 들어서면 베이지 그레이와 짙은 우드 컬러로 마감된 톤온톤의 따스한 바탕 위로 세련된 감각이 느껴진다. 튀는 컬러 없이도 공간이 밋밋해 보이지 않는 까닭은 포인트로 작용한 요소들 덕분이다. 현관 복도에 걸려 있는 김환기 작가의 작품을 시작으로 주방에 사용된 화려한 패턴의 대리석과 안방 벽면에 시공한 우드 마감재, 그리고 과감한 오렌지 컬러의 벨벳 의자 등 집중을 선택한 곳에 확실한 포인트 요소를 두었다. 단, 오래 두고 보아야 할 것들에는 전체적인 무드를 크게 벗어나지 않는 색감을 사용하되, 자주 변경하기 쉬운 패브릭 같은 요소들에는 과감한 컬러를 선택했다.

공간 배치 역시 부부의 니즈에 따라 재구성했다. 이들이 가장 원했던 것은 새로운 취미인 요리를 마음껏 즐길 수 있는 주방과 그 요리를 지인들에게 대접할 수 있는 다이닝룸이었다. 집의 중심이 주방이 되는 셈이다. 편리하면서도 시각적으로도 완성도 높은 공간을 위해 주방, 다이닝룸, 거실 공간의 적절한 분배에 신경을 써 배치했다. 오픈형의 넓은 공간으로 구성된 주방은 자연스레 거실과 이어지며, 그 뒤로 대형 테이블이 놓인 다이닝룸이 있어 마치 하나의 파티룸처럼 느껴진다. 공간이 분리되지 않아 어디에 머물건 소통이 자유로운 곳. 이곳에서 부부는 와인 파티를 열기도 하며 변화된 일상의 여유를 한껏 누리는 중이다.

Dining Room

다이닝룸은 초대를 위해 마련된 특별한 공
간이기도 하지만 평소에는 서재의 역할도
겸한다. 보편적으로 사용되는 펜던트 조명
대신 레일형의 조명과 무게감이 느껴지는
묵직한 테이블을 배치한 건 바로 이러한
연유에서다. 하지만 이게 전부가 아니다.
평범한 수납 시스템처럼 보이는 포켓도어
를 열면 근사한 와인 바로의 변신. 다양한
모양의 와인잔과 양주, 와인셀러 등이 구
비되어 있어 기능적으로나 비주얼적으로
도 훌륭하다.

Living Room

심플하게 꾸며진 거실 역시 부부의 라이프스타일에 맞춰 계획되었다. 스마트폰 영상을 즐기는 부부를 위해 소파면 바닥에 매립 콘센트를 설치, TV 케이블선을 눈에 띄지 않게 끌어와 TV로 편안하게 스마트폰 영상을 연결해 볼 수 있도록 했다.

BEFORE

AFTER

Master Bedroom

호텔 룸처럼 디자인 된 부부 침실. 그레이 컬러와 짙은 우드의 조화가 중후하면서도 세련된 감각을 돋
보이게 한다. 침실 입구에는 물건을 디스플레이 할 수 있는 선반을 둬 마치 쇼룸에 들어서는 느낌이다.
오른쪽으로는 파우더룸과 욕실이 왼쪽으로는 침실이 이어진다.

428

Space Point

다이닝룸의 숨은 와인바

문이 닫혀 있을 때는 심플한 수납장인 듯 보이지만, 포켓도어를 열면 분위기가 확연히 달라진다. 벽면에 감쪽같이 숨겨진 와인바는 이 집의 히든 스페이스다.

가죽 스트랩이 돋보이는 조명

미니멀한 디자인의 조명이지만 조명 전체를 가죽 스트랩으로 묶어 놓은 듯한 형태로 공간을 한층 풍부하게 만들어준다. 밋밋한 공간에 사용하면 좋을 아이템.

내부가 훤히 보이는 옷장

유리문이 달려 있어 옷들을 한눈에 볼 수 있도록 제작된 옷장. 내부에 조명을 달아 문을 열지 않아도 옷의 위치를 정확하게 알 수 있어 편리하기도 하지만, 보기에도 멋스럽다.

38

짜임새 있는 공간으로의 탄생

MY PERFECT PLACE

Interior Source

대지위치 경기도 김포시

거주인원 4명(부부+자녀 2)

건축면적 107.28㎡(32평)

내부마감재 벽-DID 벽지 / 공용부
바닥-윤현상재 타일, 이모션화이트 /
방 바닥-동화마루 나투스 룽고 듀오
슈프림옐로우

욕실 및 주방 타일 욕실 벽·바닥-
수입타일 / 주방 상판 및 벽판-롯데
스타론 인조석

수전 등 욕실기기 아메리칸스탠다드 외

주방 가구 아일랜드-제작(오크 무늬목
도어) / 홈바-제작(템바보드 도어)

조명 코램프(현관) 외

스위치 및 콘센트 르그랑(안방) 외

중문 현관 슬라이딩도어-금속 프레임
위 오크 필름+사틴유리 제작 / 다락방
슬라이딩도어-오크 원목 프레임+한지
창호지 제작

파티션 안방 침대-벽+투명유리 제작

방문 제작(ABS 도어), 도무스 실린더

붙박이장 자체제작

시공 및 설계 블랭크스페이스 권혁신,
전부야 010-7204-9204 ⓞ blankspace.kr

사진 진성기(쏘울그래프)

아파트의 편의성과 더불어 주택의 여유로움을 만끽하고 싶어 선택한 곳. 복층 구조로 옥상 테라스와 다락을 겸비하고 있어 아이들과 함께 여가 시간을 보내기에 적합한 곳이다. 부부는 이미 같은 단지, 같은 평면 세대에 전세로 살고 있었던 터라, 공간의 장단점을 속속들이 파악하고 있었다. 학교와 편의시설이 가깝고 손쉬운 관리에 테라스까지 갖추고 있어 더할 나위 없이 좋았지만, 실용성이 떨어지는 구조로 인해 불편함도 느끼고 있었다. 전세 만기를 앞두고 고민하던 부부는 결국 다시 이곳을 선택했다. 주변 환경도 이웃도 익숙한 곳이었기에 내부 공간만 니즈에 맞춰 변경하면 될 일이다.

우선 어린 자녀들이 거주하는 공간이니만큼 안전을 최우선에 두되, 살면서 느꼈을 불만들을 해결하는 것에 주력했다. 그래서일까, 얼핏 보면 눈에 띄지 않지만 자세히 들여다보면 그 세심함에 놀라게 되는 것들이 곳곳에 가득하다. 특히 아이들의 안전을 고려해 보통 외부로 나와 있는 TV와 사운드바를 벽에 매립하고 주방의 하부장 모서리를 곡선으로 마무리하는 등 디자인뿐 아니라 안전까지 고려한 점이 돋보인다. 중문 옆의 붙박이장 하부를 띄워 만든 로봇청소기 충전 스테이션 또한 깨알 매력. 그저 작은 틈 하나 만들었을 뿐인데 미니멀한 공간의 완성이다.

전체적으로 부족한 수납과 답답했던 공간은 짜임새 있는 새로운 배치로 해결했다. 첫 번째 개조 대상은 유독 좁고 답답하게 느껴졌던 현관이다. 우선 신발장 하부를 띄워 공간이 넓어 보이도록 하고 맞은편 신발장은 철거해 공간을 확장했다. 가장 큰 변화는 주방. 최소한의 가구만으로 꾸며진 거실에 비해 주방은 대대적인 구조변경이 이뤄졌다. 주방 입구를 차지하고 있던 덩치 큰 냉장고장을 안쪽으로 배치하고 11자 대면형 구조로 변경, 수납과 실용성을 모두 살렸다. 냉장고장이 있던 자리에는 템바보드로 마감한 홈바와 하부장을 설치해 디자인까지 완벽히 해결했다.

살면서 가졌던 이러저러한 불만들을 하나하나 해결하면서 느꼈을 쾌감이란. 세심한 설계와 소소한 변화들이 모여 삶을 더욱 편리하고 윤택하게 한다는 걸 새삼 이 집을 통해 느낀다.

Entrance & Living Room

중문 옆에 있던 수납장을 철거한 후 훨씬 넓어진 현관. 슬라이딩 도어 시공으로 기존 양개형 중문 사용
시 불편했던 점을 말끔히 해소시켰다. 슬라이딩 도어에는 사틴 유리를 접목해 지문방지와 시선 차단
효과까지 더했다. 공간이 확장되어 보이도록 거실과 주방 바닥은 현관과 같은 타일로 마감했다. 일반
적으로 외부로 튀어 나와 있는 TV와 사운드바는 벽면 안으로 매립 시공하고 주방의 하부장 역시 곡선
으로 마무리해 디자인뿐 아니라 안전까지 챙겼다.

BEFORE

AFTER

Kitchen

주방은 무늬목으로 제작된 아일랜드 위에 매립형 콘센트를 설치, 천장에 실린더 매입등을 달아 미니멀한 디
자인으로 꾸며졌다. 기존에 냉장고가 버티고 있어 답답했던 주방 입구에는 템바보드로 마감한 홈바를 제작해
공간이 한층 밝고 화사해졌다.

Master Bedroom

부부 침실은 수납과 공간의 재배치에 집중했다. 기존의 구조는 그대로 살리되 침실에 유리 파티션을 설치, ㄱ자 파우더룸을 별도로 만들었다. 침실의 아치 게이트를 지나면 행거가 제작 설치된 깔끔한 드레스룸이 나온다. 기존의 알파룸을 드레스룸과 주방의 팬트리로 분리해 사용 중이다.

Space Point

냉장고장이 홈바로

냉장고장을 철거하고 그 자리에 홈바를 제작했다. 템바보드를 이용해 벽면에 포인트를 주고 숨겨진 수납 공간을 만들었다.

공간 분리로 얻은 팬트리

주방과 침실 사이에 있는 알파룸을 분리해 한쪽은 팬트리로, 반대쪽은 드레스룸으로 활용 중이다. 공간의 효율성을 높인 케이스.

로봇청소기 충전 스테이션

붙박이장의 하부장을 띄워 로봇청소기 충전 스테이션을 마련했다. 평소에는 청소기가 보이지 않아 공간의 완성도를 한층 높여준다.

39

과장되지 않은 간결한 요소들로 완성된 집

LITA'S HOUSE

Interior Source

대지위치 서울시 종로구

거주인원 4명(부부+자녀2)

건축면적 1층 126m²(38평), 2층
112m²(34평)

내부마감재 벽-제비스코 도장,
벽지(합지) / 마루-천연마루(이건마루-
GENA-Texture(천연마루))

욕실 및 주방 타일 보노타일

수전 등 욕실기기 EK파트너스

주방 가구 제작(합판착색),
서스헤어라인상판, 모루유리

조명 제작 직부등, 펜던트, 간접조명,
사각매입등

스위치 및 콘센트 르그랑, 융

중문 월넛 무늬목 간살 슬라이딩
도어(월넛+불투명유리)

방문 제작도어, 도무스방문도어(니켈)

붙박이장 합판(투명도장), 무늬목,
Steel(분체도장), SUS(VB), PB,
하이그로시매트

시공 및 설계 melloncolie fantastic
space LITA 멜랑콜리판타스틱
스페이스 리타 070-8260-1209
www.spacelita.com

사진 김주원

서울 종로구 평창동에 있는 스페이스 리타 김재화 대표의 집. 주변의 아름다움을 최대한 활용하고자 노력한 그녀의 새 사옥이자, 거주지다. 1980년도 후반에 지어진 낡은 복층 구옥을 선택하며, 그녀가 생각한 것은 오직 하나. 있는 그대로의 아름다움 특히 자연이 주는 풍광의 아름다움에 간결한 요소를 더해, 단순하지만 초라하지 않고 따스함을 담은 공간이기를 바랐다. 1년여 간의 공사 끝에 새롭게 탄생한 집. 정화조 확인을 비롯해 안전진단도 다시 받는 등 기초부터 꼼꼼히 작업했다. 고친 집이지만 새로 다시 지은 집이라 해도 과언이 아닐 정도로 구석구석 손대지 않은 곳이 없다. 우선 각각 다른 세대가 사용하던 기존의 복층 구조를 통합해 하나의 공간으로 변형시켰다. 1층은 스페이스 리타의 스튜디오로 2층은 리타 하우스로 사용하지만 계단으로 이어져 있어 오가는 동선이 편리하다. 내부는 화이트와 우드를 메인으로 사용해 공간이 담아낼 주변 경관의 아름다움이 돋보이도록 했다.

1층은 미팅룸과 오피스 공간을 중심으로 배치, 전체적으로 심플하지만 부드러운 분위기로 연출했다. 미팅룸은 기존 창호를 철거하고 프레임 없는 대형 픽스창을 내 해가 가득 들어올 수 있는 채광창을 만들었다. 업무가 이루어지는 오피스 공간은 불필요한 짐이 쌓이지 않도록 슬라이딩 수납장을 제작, 눈에 보이지 않는 수납을 통해 깔끔하게 구성했다. 2층의 리타 하우스는 거실과 주방, 3개의 방과 욕실로 구성했는데 거실과 주방을 넓게 조성하고 각 방들은 기능에 맞게 최소화해 가족과 함께 보내는 시간의 가치를 공간설계를 통해 구현했다. 거실과 주방이 중심인 공용공간에는 기존 창호들을 큰 사이즈의 통 창호로 교체, 북악산과 구도심, 팔각정까지 보이는 전망을 넓게 즐길 수 있도록 했다. 정오가 되면 창을 통해 들어오는 햇살로 거실이 가득 차는데 이때야말로 온 집안이 일광욕을 즐기는 순간이다. 그뿐인가, 마을에서 스며 나오는 조명들과 오가는 차들의 불빛을 보며 즐기는 저녁 시간 또한 근사하다. 창가 턱에 맞춰 창을 가리지 않도록 제작한 거실의 소파와 오픈 구조로 탁 트인 구조로 설계된 주방의 배치 등에는 이러한 것들을 가족과 함께 누리고 싶은 그녀의 바람이 담겨 있다.

Meeting Room

1층 미팅룸 가구들의 라운딩 마감 처리는 오픈 도어의 아치 형태와 함께 공간에 리듬감을 주고 자칫 건조해 보일 수 있는 미팅룸의 인상을 부드럽게 만들어 준다. 꼭 회의를 위한 공간이 아닌 계절이 만들어 내는 풍경의 변화를 바라보기도, 음악을 듣기도 좋은 비팅룸은 군더더기 없는 디자인을 함축해 보여주는 공간이다.

Bedroom & Dress Room

1층으로 배치한 침실은 온전히 수면을 위한 공간으로 바닥의 단을 높여 침대 프레임의 역할을 하게 만들고 불필요한 가구나 가전 등의 배치를 배제했다. 오픈장으로 제작한 드레스룸은 환기와 채광에 집중했다. 벽을 조성할 시 상부는 불투명 유리로 시공해 채광을 내부로 들이고 거울 옆에는 작은 창을 만들어 환기가 용이하도록 설계했다.

2층 내부에는 브라운 컬러로 염색한 합판을 사용, 책과 음반 수납에 특화된 가구들을 제작해 실용성을 더했다. 마루의 톤과 맞춰 색을 입힌 빈티지 스타일의 합판가구는 한낮에는 자연광과, 일몰 후에는 따뜻한 조명과 어우러져 특유의 감성을 드러낸다.

Living Room

넓은 통창이 돋보이는 2층 거실에는 가족 모두가 누워도 넉넉할 정도의 소파를 제작했다. 소파 높이를 창가 턱에 맞춰 전망을 가리지 않도록 하고 벽체 구조상 생길 수밖에 없는 코너 스페이스까지 소파를 연장해 공간을 효율적으로 사용할 수 있도록 했다.

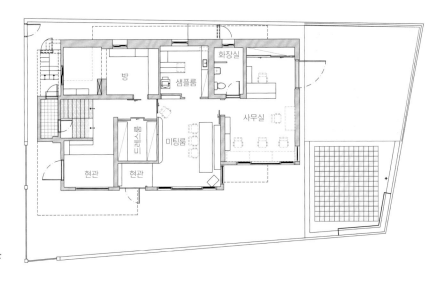

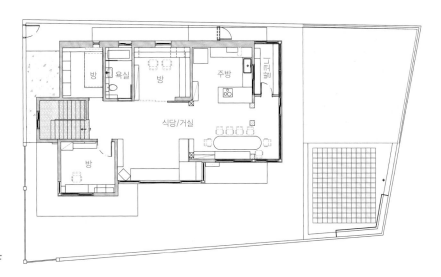

2 F

Dining Room

소파의 후면부는 책장과 연결되고 책장은 다이닝 테이블과 이어져 있어 최소한의 가구로 식사,
독서, 휴식 등 가족이 함께즐기는 공간이 완성됐다. 라운드 형태의 다이닝 테이블은 식사를 즐기기
에도 좋지만 책장에서 꺼내 든 책을 펼치고 앉으면 독서 공간이 되기도 한다.

Space Point

슬라이닝 도어 수납장

닫아 놓으면 벽체처럼 보이는 슬라이딩 도
어. 라왕판재를 재단해 염색한 손잡이를 도
어와 동일한 사이즈 제작, 포인트를 주었다.

스테인리스로 포인트를 준 욕실

화이트 테라조 타일 바탕에 아치형 거울프
레임과 스테인리스 선반으로 모던하고 심플
한 포인트를 주었다.

최미현

15년차 인테리어 전문 에디터. 사회 첫발을 내디딘 월간지 「전원속의 내집」을 시작으로 주거 및 인테리어 관련 건축가, 디자이너의 작품과 인터뷰 등을 담당하며 내공을 다져왔다. '읽히는, 읽고 싶은' 출판물을 만들고자 디자인하우스로 옮겨 사외보 에디터로도 활동했다. 현재는 주택문화사의 출판부 팀장으로, 개인 저서인 「예산 따라 선택하는 30평 아파트 인테리어」, 「카페 앤 레스토랑 인테리어 북」을 출간하였다. 이 외에도 주택 및 인테리어 관련 다양한 출판물을 기획하고 있으며, 각종 세미나와 문화센터 특강 등의 영역에서도 활발하게 활동 중이다.

월간 전원속의 내집

1999년 2월에 창간하여 마당 있는 집을 꿈꾸는 독자들에게 실질적인 정보와 읽을거리를 제공하는 실용 건축&라이프스타일 매거진이다. 최신 트렌드의 주택 디자인, 설계와 시공에 대한 디테일한 팁, 인테리어와 가드닝 정보까지, 집짓기를 앞둔 예비 건축주들의 안목을 높여줄 아이디어 뱅크 역할을 하고 있다.

홈페이지 | www.uujj.co.kr　네이버포스트 | post.naver.com/greenhouse4u　인스타그램 | @greenhouse4u

아파트&홈 리모델링
INTERIOR STYLE

ⓒ Printed in Korea 2023. 10. 13 | ISBN. 978-89-6603-007-1

지은이 최미현, 전원속의 내집 | 발행인 이 심 | 편집인 임병기 | 편집 신기영, 오수현, 조재희, 손준우 | 사진 별도 표기
디자인 유정화 | 마케팅 서병찬, 김진평 | 총판 장성진 | 관리 이미경

출력 ㈜삼보프로세스 | 인쇄 북스 | 용지 영은페이퍼(주)

발행처 (주)주택문화사 | 출판등록번호 제13-177호 | 주소 서울시 강서구 강서로 466 우리벤처타운 6층
전화 02-2664-7114 | 홈페이지 www.uujj.co.kr | 정가 48,000원